MÉMOIRE

SUR

L'AGRICULTURE

D'UNE PARTIE DU DÉPARTEMENT DU LOIRET ET SUR
QUELQUES TENTATIVES D'AMÉLIORATION ;

PAR M. SAGERET,

*Membre de la Société d'Agriculture du département
de la Seine.*

A PARIS,

DE L'IMPRIMERIE DE MADAME HUZARD,
RUE DE L'ÉPERON, N°. 7.

1809.

Extrait des Mémoires de la Société d'Agriculture du département de la Seine ,
Tome XI.

MÉMOIRE

SUR

L'AGRICULTURE

D'UNE PARTIE DU DÉPARTEMENT DU LOIRET ET SUR
QUELQUES TENTATIVES D'AMÉLIORATION.

Voyant qu'il restoit peu de choses à faire pour le perfectionnement de l'agriculture dans le département de la Seine, où j'avois fait mes premiers essais en ce genre, et voulant mettre à profit les connoissances qu'ont dû me fournir, d'une part, la pratique éclairée des cultivateurs des environs de Paris et mon expérience, et d'autre part, la théorie et les lumières puisées dans le sein de la Société, j'ai cru ne pouvoir mieux faire que d'échanger ma petite propriété, alors portée à toute sa valeur, contre une autre plus étendue, mais dont la culture bien moins avancée laissât plus de latitude aux améliorations que je me proposois.

Désirant ne pas trop m'éloigner de la capitale où je fais ma résidence habituelle, j'ai jeté mes vues sur le département du Loiret; ce Dé partement, dont la distance moyenne de Paris n'est que de douze myriamètres, environ un degré de latitude sud, en est à une distance immense quant à l'agriculture; son sol assez varié, mais d'une culture difficile, et regardé comme médiocre dans sa plus grande partie, à raison de son foible produit, est cependant susceptible d'amélioration.

L'embarras que cause nécessairement une nouvelle acquisition, la connoissance des localités qu'il faut avant tout acquérir, ne m'ont pas encore permis ni d'exécuter toutes les opérations que j'avois en vue, ni d'examiner aussi attentivement que je l'aurois désiré la contrée où est mon établissement; néanmoins, dans l'espoir d'être éclairé par les discussions auxquelles ce mémoire pourra donner lieu, j'ai cru devoir vous le soumettre dès-à-présent, comptant sur votre indulgence, tant pour suppléer à ce qui peut y manquer, que pour m'excuser sur l'aridité de quelques détails, sur la répétition de choses que tout le monde sait, et dont je serai cependant obligé de vous entretenir pour l'intelligence du sujet.

Pour vous donner une idée générale de ce Département, j'ai cru devoir extraire ce qui suit d'un *Annuaire* imprimé à Orléans en 1807.

Le département du Loiret se compose de l'Orléanois, c'est-à-dire d'une petite partie de la Beauce et de la Sologne, et en outre d'une partie du Gâtinois (1). Il est arrosé par plusieurs rivières dont les principales sont la Loire, le Loing, le Loiret, etc. Il a en outre deux canaux de navigation, ceux d'Orléans et de Briare, par lesquels la Loire communique à la Seine; il est traversé par deux grandes routes, celles de Lyon et d'Orléans; avec tout cela néanmoins, le mauvais état des chemins et de tous les moyens de communication, la ruine de plusieurs ponts qui existoient autrefois, notamment sur la Loire, sur le canal d'Orléans, etc., l'empêchent de profiter, autant qu'il le devroit, des débouchés offerts à ses productions; croiroit-on en effet que, d'Orléans qui est la première ville du Département, à Montargis qui en est la seconde, il n'y a pas même une route praticable.

Ce Département possède des carrières de pierres à bâtir, de la chaux, de la marne, du sable, de l'argile, etc., mais point de gypse; on tire de Paris la pierre à plâtre crue : il y a eu autrefois une mine de fer en exploitation à Ferrières, près de Montargis.

Le pays est généralement plat, entrecoupé

de rivières, de ruisseaux, d'étangs, de prés, de terres labourables, de vignes et de bois; on y voit encore quelques bruyères, principalement en Sologne; sur le peu qui en reste dans le Gâtinois, croissent l'ajonc, la bruyère, et quelques genêts.

Sur cinq cent trente-deux mille hectares de superficie (l'*Almanach impérial* en compte davantage, mais il n'entre dans aucun détail), plus de moitié est en terres labourables, environ un quinzième est en vignes, autant en prés et pâtures, autant en bruyères, et le cinquième du total en bois, y compris les forêts de Montargis et d'Orléans (la première de quatre mille hectares, et la seconde de quarante-cinq mille hectares). On y compte en outre environ huit cents étangs, évalués à quatre mille hectares.

Il est divisé en quatre sous-préfectures dont les chefs-lieux sont, Orléans, Pithiviers, Gien et Montargis; leur population réunie monte à environ deux cent quatre-vingt-cinq mille ames; il est remarquable qu'elle est la plus nombreuse là où il y a le plus de vignes. Les principales productions à exporter sont les bois, les vins, le miel, le safran, les bestiaux, les laines; quant aux grains, la partie seule de la ci-devant Beauce pourroit en fournir ; dans le reste du Département , à en juger par ce que j'en ai vu , ce sont de pauvres récoltes , et je doute que le produit puisse excéder la consommation.

C'est dans le Gâtinois-Orléanois qu'est située ma propriété , près du canal d'Orléans , à sept myriamètres à l'est de cette ville , à un myriamètre à l'est de Lorris , et à un myriamètre et demi à l'ouest de Montargis.

Montargis , capitale du Gâtinois , fut , aux treizième et quatorzième siècles , lieu de résidence de nos Rois ; il lui en reste un antique château bâti sur une colline , jouissant d'une belle vue et d'un air salubre , mais qui tombe en ruines. Placée d'ailleurs près d'une belle forêt , sur la route de Lyon et sur deux canaux , mais entourée d'une pauvre agriculture , elle ne tire pas tout le parti possible de sa situation avantageuse.

Lorris , petite , mais ancienne ville , fut aussi à la même époque la résidence des Reines et Enfans de France. Célèbre par la coutume à laquelle elle a donné son nom , et comme étant la patrie de *Guillaume de Lorris* , auteur du *Roman de la Rose* , elle offre encore dans ses environs des ruines qui attestent son ancienne étendue ; réduite aujourd'hui à douze cents habitans, dans une position peu salubre, avec de mauvais chemins pour y arriver, et sur un pauvre sol, planté cependant de quelques bonnes vignes, elle est absolument sans commerce et sans industrie.

C'est du petit pays situé entre ces deux dernières villes, Montargis et Lorris, dont le diamètre n'est guère que de deux myriamètres à deux miryamètres et demi, que je vais vous entretenir ; le champ n'est ni vaste ni intéressant par son agriculture, et il ne mériteroit pas de vous occuper long-temps, si ce que j'en vais dire n'étoit, à quelques modifications près, applicable en tout ou en partie, non seulement au département du Loiret, mais encore à la Sologne, au Gâtinois, et peut-être à d'autres contrées dont le sol et la position offriroient les mêmes caractères.

Ce pays que ses habitans nomment encore aujourd'hui la Gaule, en même temps qu'ils nomment gaulois leur langage ; ce pays, dis-je, privé d'une partie des avantages dont il jouissoit autrefois, et ayant postérieurement été le théâtre des guerres civiles du temps de la Ligue, a, suivant toute apparence, perdu beaucoup de sa population et de son industrie. J'en pos-

sède une carte qui date du dix-septième siècle,
sur laquelle on remarque des lieux qui n'exis-
tent plus, dont on a même oublié le nom, et
que rien ne remplace. On rencontre fréquemment, au milieu des plaines, de petites pièces
de terre groupées ensemble, entourées de
haies et de fossés, appartenant à une multitude de propriétaires divers, éloignées des
villages actuels, parsemées de fragmens de
briques et de tuiles, offrant même encore
quelques ruines, ce qui prouve évidemment
qu'il a existé là des habitations, dont toutes
ces petites pièces de terre closes étoient les
dépendances. Cette marche de dépopulation
continue, les anciens du pays l'attestent, ainsi
que le dépérissement de l'agriculture ; c'est
ce qu'exposera suffisamment la lecture de ce
mémoire.

Ma propriété qui a trois cents hectares d'é-
tendue, et qui consiste principalement en bois,
contient aussi des terres labourables, prés,
étangs et vignes. Quoique la plus grande partie
soit en terre forte, quelques extrémités cependant offrent les diverses qualités de sol
particulières au pays ; ce qui m'a donné la
facilité de l'étudier tout entier sans sortir de
chez moi.

Qualité du Sol.

Le sol , généralement assez plat , varie de nature à chaque pas, d'une manière même assez marquée ; il conserve néanmoins quelques caractères généraux dont je vais tâcher de vous donner une idée.

Sur une couche inférieure de terre blanche marneuse d'une profondeur inconnue , repose toujours un lit d'argile dont l'épaisseur varie ; sur cette argile est une dernière couche de sable quartzeux, tantôt de plus d'un mètre d'épaisseur , tantôt presque imperceptible , tellement que , dans ce dernier cas, l'argile perce à sa surface , bien qu'avec un examen plus attentif il soit aisé de reconnoître qu'à une certaine époque cette couche supérieure de sable a existé , mais que , par des causes postérieures, elle a presque disparu , soit qu'elle ait été entraînée par les eaux courantes ou pluviales, soit qu'à raison de son peu d'épaisseur le labour l'ait confondue avec l'argile sur laquelle elle repose. Cette disposition de couches n'est pas particulière au seul canton dont il est ici question , elle s'étend peut-être même au-delà du Département.

Ces trois sortes de terre qui ne varient jamais dans leur position respective , mais bien dans leur épaisseur, constituent diverses qualités de sol, selon qu'à la superficie domine le sable ou l'argile, l'influence de la couche marneuse inférieure paroissant moins marquante, quoiqu'elle ne soit cependant pas sans effet. Les cultivateurs n'en admettent que trois ou quatre divisions, et je crois que, pour l'agriculture, cela peut suffire.

1°. Sable quartzeux presque pur, ou mêlé d'une infiniment petite quantité d'argile.

2°. Sable mêlé d'une plus grande quantité d'argile, nommé terre chaînasse.

3°. Argile ou terre forte, mêlée néanmoins d'une assez grande quantité de sable.

4°. Et enfin sable mêlé d'argile et d'un peu de terre calcaire, terre qui n'est ni trop légère, ni trop compacte; on la confond avec le N°. 2, et sa culture est la même : cette dernière qualité de sol est d'ailleurs assez rare, je ne l'ai retrouvée que sur les hauteurs, ce qui m'induiroit à penser que l'ancien sol du pays, étant absolument calcaire dans toute son étendue, a reçu postérieurement deux dépôts successifs, le premier d'argile, le second et dernier de sable, et que les hauteurs, ou n'en ont reçu qu'une petite portion, ou l'auront perdue depuis à raison de leur inclinaison ; tandis que

la plus grande partie de ces deux dépôts, argile et sable, s'est accumulée dans les endroits
bas et plats.

Toutes ces espèces de sol, telles qu'elles
soient, retiennent toujours l'eau ; les fossés en
contiennent une grande partie de l'année, et
dans ces fossés croissent généralement le jonc
et autres plantes aquatiques ; on les regarde
toutes comme froides, néanmoins à un degré
plus ou moins marqué, mais, à quelques exceptions près, d'une manière absolument
contraire aux idées reçues, car ce sont les
sables qu'on regarde ici comme les terres les
plus froides (2).

La nature généralement humide de toutes
ces espèces de sol a nécessité, ou du moins
occasionné un genre de labour particulier, et
comme le fort emporte le foible, ce genre de
labour, originairement destiné à préserver des
eaux les grains et autres productions, est également pratiqué depuis le sommet de la colline
calcareo-siliceuse sur laquelle est bâti le château de Montargis, jusqu'au fond argileux des
prairies basses et des étangs défrichés. Pour
exécuter ce labour, on se sert d'une charrue
particulière sans versoir, et qui néanmoins,
en faisant son passage, rejette la terre à droite

et à gauche, de telle sorte qu'il y a alternativement un ados ou billon ensemencé, et une
raie profonde qui ne l'est pas. Je ne puis mieux
comparer cette charrue et son ouvrage qu'à
un cultivateur destiné à butter des pommes de
terre, et au champ de pommes de terre lui-
même, après qu'il a été butté.

Voici comment ce labour s'exécute. Je suppose que la récolte vient d'être faite sur un
champ disposé en billons, tels que je viens d'en
donner l'idée, chaque billon ayant environ
trente-trois centimètres de largeur à sa base, et
l'espace ou raie vide d'un billon à l'autre étant
à-peu-près de pareille dimension, de sorte qu'il
y a autant de vide que de plein, la charrue attaque d'abord parallèlement à sa longueur un
des côtés du billon ; ce labour, quand il fait sec,
est extrêmement pénible, la charrue, malgré
les efforts du laboureur, étant toujours portée
à dévier du côté de la raie : voilà pour la première façon. Dans la seconde qui se fait quelque
temps après, on attaque l'autre côté du billon ;
et dans la troisième, on le prend par le milieu.
Après ces trois labours qui n'en valent réellement qu'un, puisque ce n'est qu'alors que la
superficie totale du champ a été complètement
remuée, on herse en long et en travers pour

briser les mottes , et unir le terrein le plus possible ; puis la saison de semer étant venue , on
sème sur ce terrein uni, comme je viens de le
dire. La charrue sillonne le champ de soixante-
six en soixante-six centimètres , relevant à
droite et à gauche la terre et le grain qui la
couvre , et forme le billon tel que je l'ai repré-
senté (c'est après le second ou le troisième
labour qu'on porte le fumier).

Telle est la méthode de labourer pratiquée
dans une grande partie du Gâtinois , dans l'Orléanois , dans la Sologne toute entière , et que
je crois même s'étendre encore plus loin. Quelque évidens que soient ses inconvéniens, je vais
cependant les exposer, et examiner si , par
son adoption , on a remédié au mal qu'on
vouloit éviter , si le remède n'est pas pire que
le mal lui-même , et enfin s'il seroit possible
de la changer contre une plus avantageuse.

Inconvéniens de la méthode de labour en usage.

1°. Cette charrue , quoique attelée ou de
quatre chevaux , ou de quatre bœufs et deux
chevaux , ce qui exige indispensablement un
laboureur et un conducteur , n'en éprouve
pas moins une très grande résistance pour en-

tamer le billon durci par son exposition à l'air et au soleil ; quoiqu'elle expédie un hectare à un hectare et demi par jour, son ouvrage n'en est que moins parfait sans être plus prompt, puisque la terre n'est complètement remuée, et que les herbes et le chaume ne sont entièrement déracinés et enterrés qu'à la troisième façon, c'est-à-dire presque immédiatement avant la semence, ce qui ne leur laisse pas plus le temps de se décomposer, qu'à la terre celui de s'ameublir. 2°. Les raies profondes qui sillonnent le champ écoulent bien, à la vérité, l'eau du billon ou ados, mais aussi elles la retiennent entre elles, et jusqu'à ce que l'évaporation l'ait dissipée, le grain a le pied baigné de deux côtés. 3°. On est obligé, pour semer le blé, ou commencer ses labours à blé, ce qui est la même chose, d'attendre que les pluies aient trempé la terre, et il est impossible de la préparer d'avance, comme cela se fait lorsqu'on enterre le grain à la herse. 4°. Le grain lui-même, se trouvant quelquefois trop recouvert, est exposé à ne point lever, lorsque la terre se trouve immédiatement après la semence battue par une forte pluie suivie de sécheresse (3) (c'est au printemps que ceci est le plus à craindre pour les mars). 5°. La disposition du terrein ainsi labouré s'oppose absolument à ce qu'on y sème des graines de prairies artificielles. 6°. Et enfin ce qui est le plus grand mal, c'est la perte de terrein occasionnée par cette méthode, qui est au moins d'un tiers, et si l'on veut se donner la peine de suivre ce calcul jusqu'au bout, on sera réellement étonné du résultat. En effet, par l'assolement en usage, sur un hectare et demi, l'un en blé, l'autre en avoine, et l'autre en jachère, un hectare seulement se trouve ensemencé ; sur cet hectare, ôtant encore un tiers de perte, il en résulte que, sur trois demi-hectares, deux tiers d'hectare seulement sont en produit, donc les cinq neuvièmes de tout le territoire arable sont réduits à la nullité. Ce calcul est même très-modéré, car, au premier coup-d'œil, la terre ensemencée offrant autant de vide que de plein, on seroit porté à croire qu'il y a moitié de perte, et on n'emploie effectivement guère que moitié de la semence ordinaire (4) ; mais il est juste aussi de tenir compte du vide qu'on observe généralement ailleurs dans les terres ensemencées, et de plus les raies de blé, étant ainsi espacées les unes des autres, lui laissent plus de facilité pour taller ; ce qui compense un peu le déficit.

En dépit de tout cela, cette méthode de labour est rigoureusement observée ; il existe la plus grande défaveur contre ceux qui voudroient la changer, et elle paroît d'autant mieux assurée, que des fermiers venant de la Brie et de la Beauce ayant tenté d'introduire le labour à plat, ou même par planches bombées, se sont vus forcés d'y renoncer, et s'y sont même ruinés. Cela ne m'a point empêché de tenter un nouvel essai ; mais je suis forcé d'avouer que si les mars m'ont assez bien réussi, je n'ai pas eu, quant aux blés d'hiver, un succès complet ; en effet, ayant disposé mon terrein par planches, et l'ayant ensemencé, comme je l'aurois fait par-tout ailleurs, j'ai employé le double de semence de ce que les gens du pays emploient ordinairement, et je n'ai pas récolté plus qu'eux.

L'idée qui se présente naturellement est que ce labour par billons ayant été imaginé pour élever les blés au-dessus du niveau du sol, et par ce moyen les préserver de l'eau, les miens qui étoient faits à plat ont dû en être incommodés. Ce n'est cependant pas là mon opinion, et je me fonde sur ce qu'ayant choisi pour les faire une pièce de terre peu exposée aux eaux, ils étoient fort beaux au sortir de l'hiver, quoi-

2

qu'il eût été très-humide , et que ce n'est qu'au printemps qu'ils ont commencé à se dédire ; de plus , les gens du pays , dont l'opinion n'est pas toujours à rejeter absolument , pas plus qu'elle ne doit être admise sans examen , tout en blâmant mes essais , tout en affirmant que les eaux m'opposeroient un obstacle insurmontable , prétendent néanmoins , par une contradiction dont ils ne s'aperçoivent pas , que leurs terres en général n'ayant pas la force (c'est là leur expression) de nourrir plus de blé qu'ils ne leur en confient ordinairement , prétendent , dis-je , que j'aurois dû tenter mes essais sur mes plus fortes terres , tels que mes prés ou étangs défrichés , bien que ceux-ci d'une nature fort argileuse soient en même temps bien plus exposés aux eaux par leur situation. Aucun d'eux n'ayant pu me rendre raison de cette opinion que tous cependant professent , je n'ai pas cru devoir la rejeter ; et en attendant que le succès me la confirmât , en y réfléchissant , j'ai pensé y avoir trouvé quelque fondement : comme de la solution de cette difficulté dépend absolument la possibilité de changer la méthode de labour usitée , qui , tant qu'elle subsistera , s'opposera invinciblement à toute amélioration agricole , je vais donner mes idées sur ce sujet.

Reportons-nous encore une fois à ce que j'ai déjà exposé sur ce labour.

Toute la terre superficielle du champ, sur une épaisseur de neuf à onze centimètres, étant relevée en billons, ce qui forme alternativement une raie bombée et une raie vide, il en résulte que si la moitié du champ est denuée de terre végétale, l'autre moitié en récompense en a une épaisseur double, qu'en conséquence elle est dans le cas de fournir aussi au grain une nourriture double ; au contraire, lorsqu'on veut mettre la terre à plat pour l'ensemencer entièrement à la manière ordinaire, il faut donner plus de profondeur au labour, ce qui ne peut se faire sans ramener à la surface une terre qui n'a jamais été exposée aux influences météoriques, et qui n'est nullement propre à la végétation ; d'où il résulte qu'y ayant alors plus de semence employée, il y a plus de plantes à nourrir, quoiqu'il n'y ait effectivement pas plus de terre nourricière. Telle est, suivant moi, la cause certaine de la maigreur et de la foiblesse des blés faits à plat, et cette cause à coup sûr n'agira point sur les défrichis de prés et d'étangs, par la seule raison que ceux-ci sont beaucoup plus riches en principes nourriciers, et que, lors du défrichement, pour détruire complètement les joncs et grosses herbes qui ont de fortes racines, il a fallu labourer profondément et à plusieurs fois, opération qui n'a pu se faire sans procurer à la terre plus d'ameublissement et d'épaisseur végétale. Si l'expérience confirme cette théorie, comme je l'espère (c'est effectivement ce qui est arrivé, je n'en ai pas moins laissé subsister mes raisonnemens; il n'est peut-être pas inutile de prouver que la théorie peut quelquefois devancer l'expérience), l'établissement des prairies artificielles sera le seul moyen, mais assuré, d'introduire en grand et avec succès le labour à plat. Avant de parler de mes essais en ce genre, je vais vous présenter le tableau de l'assolement et du produit actuel des terres de labour.

PREMIÈRE CLASSE.

Terres fortes, terres à froment, assolement.

1. Jachère. — 2. Blé-froment. — 3. Avoine.

DEUXIÈME CLASSE.

Terres moyennes, terres à méteil, appelées chainasses.

1. Jachère. — 2. Blé ou seigle, plus communément méteil. — 3. Avoine.

TROISIÈME CLASSE.

Terres légères, sables, terres à seigle.

1. Jachère. — 2. Seigle. — 3. Orge ou sarrasin.

On ne se permet de déroger à cet assolement que très-rarement, et dans les meilleures terres seulement, en semant sur l'année de jachère des pois et des vesces ou gesses; et même plusieurs cultivateurs, trouvant que cela nuit à la production du blé, se contentent de substituer la culture de ces légumineuses à celle de l'avoine, et observent l'année de jachère.

Observations sur ces trois classes de terre.

PREMIÈRE CLASSE.

Terres fortes, terres à froment ; prix de location, 6 francs par demi-hectare.

Cette terre, qu'on regarde comme la meilleure pour le froment, est en raison de cela la plus estimée ; lorsqu'elle est mouillée, elle est poisseuse et tient aux outils ; elle est sujette à se battre par les pluies, et ensuite à se durcir et à se fendre par la sécheresse ; il est alors impossible de l'entamer. Sa culture offre donc d'assez grandes difficultés ; il est essentiel de la travailler dans le moment qui lui est favorable, ce moment est difficile à saisir, et c'est de l'à-propos que dépend son produit plutôt que de toute autre cause.

Son analyse (d'après M. *Bosc*) sur trente-deux parties donne dix-huit de sablon quartzeux, douze d'argile, et deux de terre calcaire, terre végétale, etc. Elle s'émiette aisément à l'air, quoiqu'extrêmement tenace, plus même que ne sembleroit le comporter la quantité de sable qu'elle contient ; ce qui me fait croire que la ténacité d'une terre ne dépend pas toujours des proportions de sable et d'argile qui la constituent, qu'elle est bien plus douce et plus maniable, lorsque la silice plus atténuée se mêle plus intimement à ses molécules argileuses et les tient plus isolées. En effet, la terre dont je parle ici n'est que difficilement améliorée ou ameublie par une assez grande quantité de sable ; ce sable étant grossier et rude au toucher, j'y en ai ajouté jusqu'à quatre parties contre une seule d'argile, sans pouvoir parvenir à détruire cette ténacité ; il y auroit beaucoup plus d'avantage à y ajouter de la chaux ou de la marne très-calcaire , et j'ai fait quelques essais avec cette dernière.

DEUXIÈME CLASSE.

Terres moyennes , dites chainasses ; prix de location de 3 à 5 francs.

Cette terre , qui est composée des mêmes élémens que la précédente , mais dans une proportion différente, le sable y étant beaucoup plus abondant , a aussi en partie les mêmes défauts , mais à un moindre degré ; ce qui la différencie, c'est qu'étant moins susceptible de retrait que celle qui contient plus d'argile , elle est plus difficilement attaquée par les influences météoriques , et s'émiette moins aisément à l'air ; d'un autre côté , ses mottes se brisent plus facilement par la herse et le rouleau , elle offre moins de résistance à tous les instrumens aratoires , et cependant elle les use très-promptement à cause du sable grossier et anguleux qu'elle contient assez abondamment ; au total , étant plus aisée à travailler même en tout temps , elle regagne de ce côté ce qu'elle a de moins en qualité , et quoique moins estimée que la première classe , elle est presque aussi productive.

TROISIÈME CLASSE.

Sables, terres à seigle; prix de location environ 2 francs et même au-dessous.

Cette terre, on est composée de sable presque pur, ou y admet infiniment peu d'argile; elle est fort aisée à cultiver, quoiqu'elle use aussi très-promptement les outils, et elle est extrêmement peu productive; j'ai déjà dit qu'elle passoit aussi pour très-froide, et c'est en partie par cette raison qu'on n'y fait point d'avoine; à l'époque où l'on est dans l'usage d'en faire les semences, elle y languiroit immanquablement. Si, par une contradiction apparente, on y fait de l'orge ou du sarrasin, c'est qu'on peut semer ces grains beaucoup plus tard, et qu'à cette époque les terres sont généralement ressuyées.

Je ne distingue que trois sortes de terre, quoiqu'il existe entre elles plusieurs nuances, mais elles se rapprochent nécessairement plus ou moins de celles que j'ai décrites. Je les ai aussi classées suivant leur prix actuel de location, qu'à l'inspection l'on jugeroit beaucoup au-dessous de la valeur intrinsèque, mais qui ne peut néanmoins s'asseoir que sur leur produit en grain, puisqu'on leur fait rarement produire autre chose.

Frais de culture d'un demi-hectare de terre de la première classe, terre forte ou terre à froment.

Année de Blé.

Quatre labours à 6 francs, y compris celui pour enterrer le grain.............. 24 fr.

Huit voitures de fumier à deux chevaux, évaluée chacune 4 francs.... 32

Environ soixante kilogrammes de semence, évaluées 15

Moisson 5

Frais divers pour la rentrée, etc.. 3

Battage qui se paie au treizième, évalué 7

Total....... 86 fr.

Année d'Avoine.

Deux labours.................... 12 fr.

Semence 5

Moisson, battage, etc., évalués. 7

Total....... 24 fr.

Produit du Blé.

Cent soixante-dix gerbes fournissant quarante-cinq myriagrammes de blé, à 2 francs le myriagramme, ci ...... 90 fr.

Paille, évaluée................. 15

Total...... 105 fr.

Produit de l'Avoine.

Cinq hectolitres et demi, ci...... 28 fr.
Paille, évaluée................ 10
                    Total..... 38 fr.

Résumé.

Produit des deux années , blé et
avoine , ci....................... 143 fr.
Frais de culture du blé et de
l'avoine .... 110 fr.
Loyer de trois années ,
à 6 francs par an , par   } 128
chaque demi-hectare, ci.   18
            Reste de bénéfice net...... 15 fr.
Lequel, divisé par trois années, donne par
chacune et par chaque demi-hectare le modi-
que bénéfice de 5 francs (5).

Si le fermier ne gagne que 5 francs par chaque
demi-hectare de bonne terre , qu'on juge de ce
qu'il perd sur la mauvaise : sans entrer dans
le détail des frais et du produit de cette dernière, je dirai seulement que la récolte moyenne
de seigle ne peut s'évaluer à plus de 30 francs,
tandis que les frais calculés le plus rigoureusement possible s'élèvent au moins à 50 francs,
et, en suivant ce calcul sur l'avoine et l'orge ,

il en résulteroit que, sur un assolement de trois ans, on seroit en perte de 3o francs par demi-hectare.

Comment se fait-il donc que des fermiers obligés de faire des avances, ayant à courir les risques de la perte de leurs récoltes par l'intempérie des saisons, et de leurs bestiaux par des accidens, puissent cultiver des terres sur lesquelles il n'y a à faire qu'un si mince bénéfice, ou plutôt sur lesquelles il y a à perdre, les frais de culture surpassant même le produit? Comment enfin, avec toutes ces chances à leur désavantage, peut-on trouver des fermiers?

La solution de cette question doit paroître impossible à quiconque n'auroit vu que la belle culture de la Flandre, d'une partie de la Normandie, etc. Mais si ces Départemens offrent un tableau florissant, combien d'autres ressemblent à celui-ci. Je connois des localités où les prés seuls annexés à une ferme égalent la valeur de son prix de location, où sans eux elle ne seroit pas louée; en un mot, où les terres sont absolument données pour rien, les fermiers même paroissant vous faire une grace en voulant bien s'en charger par bienséance plutôt que pour le profit.

Puisque ce n'est pas sur le fonds que le fermier peut se retirer, il faut donc que ce soit sur les accessoires; en effet, il faut observer que, dans mon canton, les diverses propriétés, les pièces de terre qui les composent, étant pour la plupart entourées d'arbres, quelquefois même plantées d'arbres à fruits, les fermiers ont pour eux la récolte de ces fruits d'une part, et de l'autre l'effeuillage et émondage de ces arbres pour leurs bestiaux, le bois nécessaire pour leur chauffage et pour leurs instrumens de culture, le pacage dans les bois, dans les étangs, etc., le fauchage des herbes et roseaux dans ces derniers; toutes lesquelles permissions, bien qu'elles fassent plus de tort aux propriétaires qu'elles ne font de bien aux fermiers, donnent cependant à ceux-ci la facilité de faire en bestiaux une assez grande quantité d'élèves. Ils ont en outre la ressource de faire des labours à prix d'argent pour les petits cultivateurs assez nombreux ici, de faire des charrois de bois dans les ventes, et j'ai vu, notamment dans la forêt d'Orléans, plusieurs fermes d'un sol très - ingrat qui auroient été abandonnées sans cette dernière ressource, tellement qu'on peut dire avec vérité que c'est la place qu'on loue et non pas la terre (6).

Cela posé, nous allons y trouver matière à quelques réflexions.

Avant de connoître ce pays, je m'étois figuré que c'étoit sur le produit du sol que son prix de location et l'impôt foncier devoient être basés, ou, en d'autres termes, que les frais de culture et les intérêts de ees avances prélevés, le fermier devoit partager son bénéfice avec le propriétaire et l'État, peu nous importe ici les proportions ; à la vérité, en descendant l'échelle des qualités de terres inférieures, ces proportions ne m'avoient pas toujours paru réparties avec justice, c'est-à-dire qu'en considérant les prix actuels et ordinaires de location, il me sembloit que celui des bonnes terres étoit trop bas, et celui des mauvaises toujours trop haut, la différence de produit étant très-grande, tandis que les frais de culture étoient à-peu-près les mêmes.

J'avois cru aussi que, lorsque la terre étoit louée à bas prix, c'étoit parce qu'elle produisoit peu ; si cela est vrai ailleurs, je suis persuadé qu'ici le contraire a lieu. Elle produit peu, parce qu'elle est louée à trop bas prix ; en effet, quand cela est ainsi, on est toujours porté à en louer plus qu'on n'en peut bien cultiver, et c'est ce qui arrive ici ; est-elle

chère , au contraire , on se restreint sur la
quantité , et on la cultive mieux pour s'indemniser du haut prix qu'on la paie ; je suis
tellement convaincu de la vérité de ce que j'a-
vance , que je ne balance pas à affirmer que
si l'on pouvoit tout-à-coup enlever à nos cultivateurs la moitié de leurs terres de labour , en
laissant d'ailleurs toutes choses dans le même
état , même le prix des fermages (lequel cependant par cette soustraction de terres se trouveroit alors doublé) , on ne leur rendît le plus
grand service ; comme la nourriture de leurs
bestiaux n'est aucunement tirée de leurs terres
de labour , ainsi que je l'ai fait voir , ils n'en
nourriroient pas une tête de moins , et ce qui
leur resteroit de terre étant mieux labouré ,
doublement fumé , rapporteroit aussi le double , et avec moins de frais.

Je ne me flatterois cependant pas de faire
goûter ce raisonnement à nos cultivateurs ,
sur tout quant au prix de fermage. Étant toujours en perte sur la culture , ils doivent chercher à payer d'autant moins qu'ils perdent plus;
il n'est donc pas étonnant que , fondé non sur
le produit de la terre elle-même , mais bien sur
les accessoires industriels , base variable et in-
certaine , ce prix de location , qui ne va que

de 1 à 2 francs pour la mauvaise terre, et à 6 francs pour la meilleure, leur paroisse encore trop élevé (7). Ce que je viens de dire pour le prix de location me paroît également applicable à l'impôt foncier.

Fermes et Manœuvreries.

L'étendue des fermes n'est pas considérable, peu vont jusqu'à cinquante hectares ; aussi, vu leur foible produit, semence et nourriture prélevées, l'excédant à porter au marché peut être regardé comme nul ; ils le sentent bien, mais très-persuadés que leurs terres ne doivent pas rendre davantage, ils se plaignent qu'ils n'en ont pas assez, tandis que, par l'effet de leur mauvaise gestion, à peine viennent-ils à bout de les cultiver ; les bâtimens d'ailleurs étant insuffisans, ils ne sauroient loger une récolte plus considérable, non plus que les animaux nécessaires à une plus grande exploitation, pour laquelle d'ailleurs les moyens pécuniaires leur manqueroient. Quelle amélioration prévoir à cet égard, quand on voit ici et dans toute la Sologne la plupart des bâtimens de ferme et de cultivateur tomber en ruines, et il n'est pas difficile d'en assigner les causes. Étant d'une construction peu solide, ils ont dû plus que d'autres souffrir pendant la révolution du manque absolu de réparations, et aujourd'hui encore elles sont ajournées indéfiniment par le mauvais état des chemins qui empêche le transport des matériaux, par la cherté de ceux-ci, ainsi que de la main d'œuvre, et la hausse des impositions. Dans des contrées plus heureuses, cette hausse a été balancée par celle du prix des fermages et par l'augmentation de l'industrie ; ici le contraire a eu lieu. L'on a bien cru un moment que le prix élevé des bestiaux et des laines, qui est pour le pays un objet important, pourroit donner un peu d'essor à l'agriculture ; mais une baisse considérable, d'autant plus désastreuse qu'elle a été subite, a déçu tout espoir ; et la plupart des cultivateurs ayant beaucoup perdu sur la revente de leurs bestiaux, et c'étoit avec ce bénéfice qu'ils payoient leurs fermages, hors d'état de les payer, et absolument découragés, rendent les fermes à leurs propriétaires. Ceux-ci peu instruits, obligés de se servir des mêmes ouvriers et des mêmes instrumens, et par conséquent de conserver la même méthode de labourage que nous avons vue plus haut être si mauvaise et si peu fructueuse, méthode qu'il est impossible de perfectionner, et qui exige pour être

changée des connoissances en théorie et en
pratique, beaucoup de temps et d'avances,
n'ayant d'ailleurs pas la même économie que
les fermiers, et n'étant pas à même d'employer
pour y suppléer les moyens étrangers à la
culture que j'ai détaillés ailleurs, sont contraints,
après d'inutiles et coûteuses tentatives, de
laisser tout aller à l'abandon.

Si des fermes l'on passe aux manœuvreries,
c'est encore bien pis ; c'est ici le vrai séjour
de l'ignorance et de la misère, tableau à offrir
aux partisans des petites cultures et des petites
propriétés. Entre plusieurs, j'en possède une
des mieux bâties du pays, composée d'une
chambre pour le manœuvre et sa famille, avec
cellier, vacherie, toits à porcs, greniers, grange,
jardin planté d'arbres à fruits, quelques ares
de vignes, sept hectares et demi de bonnes
terres à froment, un peu de pré, et suffisamment de bois pour son chauffage, le tout loué
15o francs ; et le manœuvre a peine à vivre, ré-
coltant tout au plus assez de blé pour sa fournée
(c'est-là leur expression, d'autant plus remarquable qu'elle revient perpétuellement dans
leur conversation). Obligé, comme tous ses
pareils, de faire faire ses labours à prix d'argent, il paie assurément bien cher le grain

qu'il récolte. J'en ai fait le calcul avec plusieurs d'entre eux, et je les ai convaincus qu'ils
étoient en retour, qu'il leur seroit beaucoup
plus avantageux de travailler tonte l'année pour
les fermiers et propriétaires, et que le prix de
leur travail et ce qu'ils payoient pour leurs labours suffiroit et au-delà à l'achat de leur provision de blé, plutôt que d'avoir la charge de
terres qui, au lieu de les faire vivre, les faisoient mourir de faim; mais la force de l'habitude, la crainte de n'avoir pas leur fournée,
crainte fondée probablement sur le peu d'ordre
qu'ils ont et leur pauvreté, qui les empêche-
roient de pouvoir se procurer à prix d'argent
leur provision de blé dans le moment le plus
favorable, entretiennent chez eux cette manie
de cultiver par eux mêmes. Je prévois cependant un terme à cet ordre de choses, lequel
n'est pas fort éloigné, ce sera quand leurs
maisons leur tomberont sur le corps, ou,
pour adoucir l'expression, quand les propriétaires, las de ne rien recevoir et de réparer
en pure perte, les prieront de chercher un
meilleur abri.

Il est temps de quitter un sujet si peu agréable; mais avant d'examiner la possibilité d'introduire quelques changemens avantageux,

j'ai encore à vous donner quelques détails sur l'agriculture pratique.

Les grains cultivés ici sont le froment blanc et le froment à barbes serrées ; ce dernier moins estimé, mais plus rustique et plus productif, a la tige haute, forte, les épis longs et barbus, le grain moins blanc et plus gros. On le sème rarement seul, on l'associe au blé blanc ; on donne pour raison de cet usage qu'ayant la paille plus forte que ce dernier, il le soutient, et que la saison pouvant favoriser inégalement leur végétation, si l'un manque, l'autre réussira ; sur les terres médiocres on l'associe encore au seigle ; celui-ci se sème seul sur les mauvaises terres. On cultive peu l'escourgeon, ou orge d'hiver, quoiqu'il paroisse réussir. En fait de grains de Mars, c'est l'avoine noire ordinaire, et l'orge à deux rangs ; l'avoine se fait de préférence sur les bonnes terres, ainsi que la vesce de printemps, et quelques espèces de pois et gesses. Dans les mauvais sables, on met de l'orge, du sarrasin, et une espèce de millet gris ; ce dernier, étant mondé, se mange cuit à l'eau ou au lait. Peu de cultivateurs mangent du pain de pur froment, on le mêle communément avec le seigle et l'orge, les plus pauvres y joignent aussi le sarrasin et une espèce de gesse ; une partie des vesces est coupée en vert pour nourrir les bœufs de labour dans le temps des travaux. On ne cultive point de prairies artificielles.

Tous les grains sans exception se moissonnent à la faucille, la faux ne seroit pas commode à employer à cause de la disposition du labour , et il seroit difficile de trouver des faucheurs exercés à ce genre d'ouvrage, aussi la moisson s'y prolonge-t-elle fort long-temps.

On y connoît quelques espèces de pommes de terre rouges , ainsi que la jaune de New-Yorck , mais la grosse blanche tachée de rouge est la seule cultivée généralement ; sa culture est néanmoins circonscrite dans les jardins , c'est assez dire qu'elle n'est pas assez commune pour être à bas prix , et qu'on en fait peu d'usage pour la nourriture des bestiaux. Chacun cultive aussi dans son jardin du chanvre, mais seulement pour son usage ; le lin même peut y venir. J'ai vu quelques champs de navets , sur deux années aucun ne m'a paru valoir les frais de récolte; il est remarquable que cette plante, conseillée souvent par les agronomes pour l'amélioration des sols pauvres , affecte quelquefois pour des terres mauvaises en apparence une préférence dont on ne sauroit rendre raison, tandis qu'elle se refuse à croître dans d'autres terres même meilleures, on n'y croît qu'à force de soins; de telle sorte qu'on pourroit dans ce dernier cas dire d'elle que sa production est plutôt le fruit d'une culture perfectionnée qu'un moyen proposable d'amélioration. On m'a parlé aussi de quelques essais de colza dans mon voisinage, mais je n'ai encore rien vu à cet égard de satisfaisant. Quant à la culture des plantes potagères, elle y est généralement fort mal entendue, si ce n'est à Montargis. Un faubourg de cette ville est habité par une classe d'hommes laborieux et industrieux qu'on m'a dit avoir quelque chose de particulier dans leur langage et leurs usages, et qui s'adonnent à ce genre de culture. Ces jardiniers, quoique moins habiles que nos maraîchers de Paris, fournissent néanmoins de légumes tout le pays, et ils en portent à quelques myriamètres à la ronde, dans les campagnes comme dans les villes voisines. Si cette culture n'est pas plus générale, ce n'est pas que le terrein s'y refuse nulle part; la terre de mon jardin, quoique très-froide et très-compacte, produit de fort beaux légumes; j'y ai cultivé avec succès le topinambour et la betterave champêtre, qui sont ici fort peu connus.

Les terres ne sont pas plus productives en paille qu'en grain, aussi est-elle toujours assez chère, et le fumier rare, ce qui fait qu'on le ménage beaucoup; on n'en met pas dans les terres de labour la moitié de ce qu'il faudroit. On pourroit cependant y suppléer par les curures des fossés, des étangs, etc., et par l'enfouissement en pleine floraison, comme on le fait ailleurs, des sarrasins, des vesces, qui y sont bien connus, ainsi que des feverolles, dont les débris forment un puissant engrais : la chaux pourroit encore y être employée, mais sur-tout la marne. Dans un sol où on la trouve par-tout, où elle varie de nature à chaque pas, où on pourroit l'approprier à celle du terrein, il sembleroit que son usage devroit être général, point du tout; ce qui est un bienfait de la nature n'est qu'un malheur de plus pour le cultivateur ignorant; ceux-là seuls en très-petit nombre, qui par hasard ont employé l'espèce qui convenoit à leur sol, ont réussi et en ont continué l'usage; ceux qui par hasard aussi ont employé l'espèce qui ne leur convenoit pas, en ont conclu que la marne ne valoit rien pour leur terrein, et il n'est pas probable qu'ils tentent de nouveaux essais. Près de Lorris, dont le terroir est sablonneux, on emploie avec avantage une marne argileuse, qui se trouve à peu de profondeur ; elle doit, comme on le peut penser, convenir à ce sol ; en effet, on s'accorde à dire que le produit des terres que l'on a marnées est plus que doublé.

Prairies et Étangs.

Je distinguerai trois sortes de prairies :

1°. Celles qui bordent les rivières et les ruisseaux ;

2°. Celles situées dans les bas-fonds, soit entre les bois, soit au bas de terres de labour ;

3°. Celles qui forment la bordure et même le fond des étangs.

Les premières, sur les bords du Loing particulièrement, fournissent beaucoup de foin d'une qualité passable ; n'ayant point de cette espèce de prairies, je ne me suis pas occupé des moyens de les bonifier ; d'ailleurs considérant d'une part leur grand produit, et de l'autre l'état actuel de l'agriculture, c'en est la partie la plus brillante, et l'on peut trouver à faire de plus urgentes améliorations.

Les secondes, situées dans les bas-fonds, souvent entre les bois, ou au pied des terres de labour inclinées, doivent à leur position, qui les met à portée de recevoir l'égout des

eaux pluviales , assez de principes de végétation et de fertilité ; elles sont cependant pour
la plupart mauvaises et de peu de produit, cela
tient à plusieurs causes ; savoir, le voisinage
des bois qui les gagnent et les affament , les
épines qui s'en emparent et qu'on n'arrache
point , les taupinières qu'on ne rabat point ,
les creux formés par les courants d'eau et par
le piétinement des bestiaux en temps mou , la
stagnation des eaux pendant une partie du
printemps , ce n'est guère qu'en Juin qu'elles
se retirent , alors seulement la végétation s'y
établit , et si , à cette époque , il survient de la
sécheresse et de trop fortes chaleurs , la terre
qui est à fond d'argile , légèrement recouvert ou
mélangé de sable ou de terre végétale , se gerce
et se fend, la végétation est arrêtée tout-à-coup ;
de plus, on ne les fume jamais , on se contente
d'y répandre très-rarement les cendres de la les-
sive ; aussi, un cent, un cent et demi de bottes
au plus par demi-hectare, de foin court et grossier, est le maximum de leur produit. Avec quelques soins, et en pratiquant des fossés d'écoulement , peut-être en tireroit-on quelque chose
de plus. Ces prairies sont ici très-multipliées ,
mais généralement de peu d'étendue , et c'est
peut-être une des raisons qui font croire qu'elles

ne méritent pas la dépense qu'on y feroit. Je
pense que, pour les améliorer sensiblement et
d'une manière durable, il faudroit les renou-
veler, ce qu'on n'a jamais fait. L'écobuage leur
seroit peut-être avantageux, j'avois été tenté
d'en essayer ; l'impossibilité de trouver des ouvriers accoutumés à ce genre de travail, et la
difficulté qu'offre la nature du terrein quand il
est sec, l'auroient rendu trop coûteux ; je crois
avoir trouvé un moyen économique et facile
d'y suppléer, au moins en partie, mais je n'en
rendrai compte que lorsque je l'aurai employé
avec succès. On les cultiveroit ensuite quelques
années en grains ou légumes, puis on y resè-
meroit de bonnes graines de foin. En attendant que l'expérience ait prononcé sur l'écobuage (8), et sur la nature et la qualité des
produits qui s'ensuivroient, voici le parti que
j'ai tiré d'un de ces prés.

Entre plusieurs de cette nature que je possède, j'en ai à mon arrivée trouvé un que l'on
avoit défriché, parce qu'il ne produisoit presque
rien ; à deux médiocres récoltes d'avoine, en
succédoit une troisième qu'on espéroit devoir
être meilleure : sur cette avoine je fis semer de
la graine de trèfle ; l'avoine fut passable, mais
la récolte de trèfle de l'année suivante surpassa

toute espérance. Cette pièce, de la contenance de deux hectares, rendit à sa première coupe seize cents bottes du poids de cinq kilogrammes, c'est-à-dire quatre cents bottes le demi-hectare ; le regain, à cause de la sécheresse de l'année, fut à la vérité peu considérable. Quand je verrai ce trèfle décliner, je me propose de semer dessus de la graine de foin, ou, si les mauvaises herbes le gagnent, je le défricherai pour y mettre du grain. Cette pièce de terre étoit auparavant un fort mauvais pré, et d'après cela on peut espérer que tous ceux qu'on défrichera et qu'on traitera de même seront susceptibles du même produit. Cette pièce de trèfle a fait l'admiration de tout le pays, et elle a donné à mes voisins quelque envie de suivre mon exemple (et effectivement il en a été semé depuis quelques hectares).

Les prairies de troisième classe, ou pacages si l'on veut, sont celles qui forment le fond des étangs ; toujours couvertes d'eau l'hiver et souvent le printemps, la plupart sont à sec pendant l'été. On fauche les parties les meilleures ; le gros foin, les roseaux et joncs qu'on y coupe, servent à nourrir les animaux l'hiver, et à leur faire de la litière ; les bestiaux pacagent sur le reste.

La récolte des foins se fait assez tard ; l'on prétend que si la coupe s'en faisoit avant qu'ils fussent parfaitement mûrs, cela nuiroit à la production de l'année suivante ; cette opinion se retrouvant presque par-tout, même dans des pays fort éloignés les uns des autres, il est difficile de croire qu'elle n'ait aucun fondement ; je n'ai pas eu l'occasion de vérifier ce fait, qui mérite cependant de l'être sous le rapport de la qualité du foin. On n'est pas ici dans l'habitude de le mettre en meule, mais seulement en grosses veillottes, et quand on le juge assez sec, on le charge ainsi sans être bottelé, pour le porter au grenier. Bien que cette méthode ait été recommandée par quelques agronomes, même sous le point de vue de l'économie, je ne puis être de cet avis ; je trouve qu'en cet état il est beaucoup plus long et plus incommode à serrer, qu'il y a en même temps plus de perte, en un mot que tous ces inconvéniens surpassent le prix du bottelage.

Les étangs sont assez nombreux ; la plupart étant plats retiennent peu d'eau l'été, nourrissent par conséquent peu de poisson, et sont une source d'exhalaisons pernicieuses dès le mois de Juillet ; peu de propriétaires s'occupent de cette branche d'économie rurale ;

toute négligée qu'elle est, les gens du pays en exaltent beaucoup le produit, aucun d'eux n'a pu m'en rendre un compte exact, et ce n'est que par approximation que je dirai qu'un bon étang peut rendre annuellement 10 francs par chaque demi-hectare en eau. Si, d'une part, c'est beaucoup plus qu'on n'afferme ici le demi-hectare de terre, d'autre part c'est aussi beaucoup moins qu'il ne devroit l'être, d'autant plus que ces étangs, lorsqu'il est possible de les dessécher et de les défendre contre les eaux, sont susceptibles, étant défrichés, de produire de très-beaux grains, légumes et chanvres. Le pays y gagneroit de toute façon, tant par le produit que par la salubrité qu'il acquerroit ; mais on éprouve pour ces dessèchemens beaucoup de difficultés : outre que les fermiers ont ordinairement par leurs baux le droit d'y faire pâturer et d'y abreuver leurs bestiaux, il arrive encore que ces étangs sont grevés de ce même droit au profit des habitans du voisinage. J'ai pris le parti de mettre en culture, et par suite en trèfle, ceux qui sont sujets à moins d'inconvéniens, et à laisser les autres subsister, en y plantant néanmoins autant de saules et de peupliers qu'il sera possible.

Le défrichement, soit des prés, soit des

étangs, est regardé comme un ouvrage très-pénible et très-dispendieux. Dès le premier labour on ouvre le sol à la profondeur de dix-sept à vingt-deux centimètres, on peut juger quel est l'effort de la charrue et des bêtes de trait ; on les ensemence plusieurs années de suite en avoine, les deux premières récoltes sont ordinairement foibles, la troisième est meilleure, et le produit s'entretient ensuite pendant assez long-temps. Est-ce par habitude, est-ce par nécessité, qu'on donne à ce premier labour autant de profondeur ? Je n'en avois point encore vu pratiquer ainsi. Aux environs de Paris, lorsqu'on défriche, on prend moins de terre à-la-fois, et l'on peut avoir une belle récolte dès la première année. Ce qu'il y a de certain, c'est qu'en prenant tout-à-la-fois autant d'épaisseur de terre, elle s'émiette bien moins aisément, d'autant qu'elle est très-tenace par sa nature, et qu'elle est entrelacée de racines fortes et nombreuses, aussi présente-t-elle des mottes encore entières au bout de deux ans ; croiroit-on que la crainte de ces difficultés dans le défrichement est encore une des raisons qui s'opposent à l'établissement des prairies artificielles ; j'avoue que j'ai été étonné ici de cet excès de prévoyance ; l'on sait qu'ailleurs, au contraire, le moment de les défricher est attendu avec impatience par les cultivateurs, à cause des récoltes avantageuses qu'ils en espèrent.

Bestiaux.

Les troupeaux de bêtes à laine sont assez multipliés, mais le nombre des bêtes va rarement jusqu'à cent. On en élève peu, parce que le climat, dit-on, leur est peu favorable. On est dans l'usage de les tirer de Sologne, de les garder environ une année pour les engraisser, d'avoir le produit de la tonte, et de les revendre au boucher avec profit. Il n'est pas étonnant que le terme d'une année soit nécessaire, car ils ne se nourrissent que de ce qu'ils trouvent aux champs, ce n'est que dans les temps les plus rigoureux de l'hiver qu'on leur donne un peu de paille à la bergerie. Ce sont presque toujours les enfans des fermiers qui les mènent aux champs, aussi sont-ils mal soignés, mal gardés, et commettent beaucoup de dégât. On trouveroit difficilement de bons bergers ; quel est d'ailleurs le fermier qui pourroit les payer, puisque la plupart d'entre eux, faute de moyens, ne sont pas même propriétaires de leurs troupeaux ? Ils appartiennent, soit au propriétaire de la ferme, soit à tout autre ; car ici placer

des moutons chez les cultivateurs à moitié
profit, est un commerce dont tout le monde
se mêle, propriétaires, négocians, gens de
loi, etc., cette manière de faire valoir son argent étant regardée comme très-avantageuse.
Cependant, depuis environ deux ans, à raison
des pertes qu'on y a essuyées, comme je l'ai
déjà dit plus haut, on est très-refroidi sur cet
article.

Le parcage est inconnu, regardé même comme
impraticable, tant à cause de l'humidité du
sol et du morcellement extrême des terres, que
de la forme de labour usitée, laquelle empêcheroit les claies de s'appliquer exactement sur
le terrein, et encore plus à cause des loups qui
sont très-communs, très-hardis, et d'autant
plus à craindre, que le pays étant entrecoupé
de bois, haies, buissons et fossés, leur donne le
moyen de guetter leur proie sans être aperçus,
et de se dérober aux poursuites quand ils l'ont
saisie ; aussi chaque troupeau leur paie-t-il un
tribut annuel, en récompense aussi il est inouï
qu'ils aient jamais attaqué les hommes.

On a été ici long-temps prévenu contre les
mérinos, quelques premiers essais n'ayant pas
réussi ; cependant il est un troupeau qui prospère depuis un certain temps, il est à la vérité

sur la lisière du Département et dans une position convenable. D'autres troupeaux se sont établis depuis, et quelques propriétaires ont placé des béliers chez leurs fermiers. Mais il faut choisir les localités qui leur conviennent ; car, dans plusieurs autres, la race du pays même a peine à réussir, et il paroît que, généralement, il y a plus d'avantage à tirer les moutons d'ailleurs pour les engraisser et les revendre.

On élève quelques porcs, mais moins qu'autrefois, la récolte des glands manquant souvent, et les gros chênes devenant de plus en plus rares.

Les cultivateurs qui ont assez de pâtures élèvent leurs vaches et leurs chevaux, ces derniers vont aux champs quand ils n'ont plus de travaux à faire, et on les nourrit alors très-économiquement. Quand ils travaillent, ils sont nourris à l'écurie avec du foin, de la paille et de l'avoine, l'usage est de leur donner celle-ci trempée dans l'eau, les mangeoires sont exprès faites avec des troncs d'arbres creusés, on prétend que cela les rafraîchit et les tient en bonne santé. Dans les cantons où l'on cultive peu d'avoine, notamment en Sologne, on leur donne du sarrasin.

Résumé.

D'après l'exposé que j'ai fait de la nature du sol, de la manière dont il est cultivé, de l'insalubrité du climat et du défaut de population et d'industrie, on peut se faire une idée des obstacles qui s'opposent au perfectionnement de l'agriculture ; aucun n'est peut-être insurmontable, et je ne doute point que le Gouvernement, prenant connoissance de la situation de ce malheureux pays, ne vienne efficacement à son secours. La première chose à faire seroit le rétablissement des routes, des ponts, et de tous les moyens de communication (9) ; mais il est encore quelques objets sur lesquels il faudroit appeler son attention.

Les habitans peu nombreux, manquant en outre, probablement par l'effet du climat, d'énergie et d'activité, il seroit essentiel et possible de leur procurer beaucoup d'économie de temps en diminuant le nombre des jours de marché, de foires et de fêtes, qui sont ici multipliés à l'infini ; il n'est pas de paysan qui ne se croie obligé d'y aller régulièrement perdre son temps, soit pour la moindre chose qu'il ait à acheter ou à vendre, soit plutôt encore pour s'amuser à jaser et boire.

Les denrées nécessaires à la vie, telles que
viande, beurre, volaille, vin, etc., sont à
fort bon compte, et ne sont en aucune proportion avec le prix des légumes, racines,
pommes de terre, pois et haricots; ces derniers objets s'y maintiennent toujours assez
cher, quoique la terre soit à bas prix de location, et assez propre à ces cultures. Ne doit-
on en attribuer la cause qu'au défaut d'industrie? J'en ai parlé plusieurs fois à mes ma-
nœuvres, leur témoignant mon étonnement de
ce qu'ils ne se livroient point à ces petites
cultures, et de ce qu'ils se bornoient à la production de leur seule consommation; ils m'ont
répondu que ces denrées se payoient toujours
fort cher quand on en avoit besoin, et qu'on
ne pouvoit s'en défaire quand on en avoit à
vendre; que, s'ils les conduisoient au marché
un jour où il ne se trouvoit point d'acheteurs,
il falloit les remporter chez eux, d'où il résul-
toit pour eux temps et peine perdus. Effectivement j'ai remarqué que le prix des denrées
de toute espèce varioit d'un marché à l'autre
d'une manière surprenante, le beau ou le
mauvais temps influant considérablement sur
leur valeur, à raison de la difficulté des arri-
vages. Je suis persuadé que l'établissement

d'une halle ou marché couvert à Montargis et
dans les principales villes, où les cultivateurs
pourroient déposer leurs grains et autres denrées, quand ils ne trouveroient point à s'en
défaire sur-le-champ, leur procureroit beaucoup d'économie de temps et de peine, encou-
rageroit singulièrement la multiplication, sur-
tout de tous les produits de petite culture, et
y mettroit un prix raisonnable et moins variable sur lequel ils pourroient compter ; ce seroit le seul moyen de détruire cette manie générale ici d'avoir chacun chez soi sa provision,
d'où il résulte que, satisfait de n'avoir besoin
de personne, on ne fait aucune démarche,
aucun effort pour perfectionner sa culture, et
obtenir un superflu dont on seroit embarrassé.

L'instruction seroit encore un objet essentiel. Dans ma commune composée de quatre
cents habitans, on ne compte que trois indi-
vidus qui sachent lire et écrire. Je conçois
qu'à cet égard il se présenteroit beaucoup de
difficultés, la pauvreté des habitans ne leur
permettant pas d'entretenir d'instituteur. D'ailleurs, dans la belle saison, ils ont besoin de
leurs enfans pour travailler et garder les bestiaux, et l'hiver, disséminés sur un territoire
étendu, avec des chemins impraticables, il

leur seroit impossible de les envoyer à l'école.

L'insalubrité du climat mériteroit encore plus d'attention ; il n'entre pas dans mon plan d'examiner ce sujet, j'observerai seulement qu'il seroit à désirer qu'on supprimât les étangs trop plats pour retenir les eaux dans l'été, lorsqu'ils seroient en même temps susceptibles de culture.

L'extrême division des terres est peut-être encore plus nuisible ici qu'ailleurs. L'intention qu'on a d'en égoutter les eaux a donné l'idée de les entourer de fossés, mais leur construction est mal entendue, et faite sans aucune espèce de concert avec les voisins ; ou ils sont trop mesquins, s'engorgent et débordent à la première pluie, et vont ravager les récoltes voisines, ou, n'ayant point d'écoulement, l'eau y croupit, ou même, dans la vue de défendre leur récolte contre le bétail, la terre est rejetée en dedans, et, pour protéger quelques ares de terrein, on empêche l'eau d'en sortir, et on noie la pièce toute entière. Enfin, la plupart sont aussi entourées de haies mal entretenues, qu'on n'a pas l'habitude de respecter ici, et qui, ne protégeant rien, ne servent qu'à affamer le terrein, et offrir une retraite aux animaux nuisibles.

Nous avons déjà vu quelle étoit la charrue

en usage, et la difficulté du labourage; il faut
que j'y revienne encore pour exposer les changemens que j'ai voulu y faire. Cette charrue
est très-forte et très-massive, et il faut qu'elle
le soit à cause des obstacles qu'elle éprouve.
Quoiqu'elle ne soit pas commode pour défricher, puisqu'elle rejette la terre des deux côtés,
on s'en sert cependant pour cette opération.
Ce n'est pas qu'on n'y emploie quelquefois une
charrue à versoir, mais peu de cultivateurs en
ont, parce que sa construction est plus coûteuse, et qu'il est bien des occasions où elle ne
peut pas servir. On a de rechange des rouelles
de bois et de fer; on préfère ces dernières quand
le sol est argileux et rendu poisseux par l'eau,
attendu que celles de bois entraînent après elles
trop de terre (10); c'est dans cette occasion
qu'on est obligé de renoncer à cette charrue à
versoir, ainsi qu'à toute autre que celle en
usage dans le pays, parce qu'il faudroit s'arrêter
à chaque pas, et passer son temps à la nettoyer
et la débarrasser de la terre qu'entraîneroient
après eux les roues, le versoir, etc. Les fermiers se servent aussi du même prétexte pour
justifier leur très-imparfaite méthode de labourer; ils prétendent que si leurs terres fortes
étoient complètement remuées et parfaitement

ameublies, il leur seroit impossible d'y entrer
avec la charrue et les chevaux dans les printemps mous, et qu'ils ne pourroient faire leurs
avoines ; il y a quelque chose de vrai dans cette
assertion ; je ne crois cependant pas que ce soit
une raison suffisante pour conserver une méthode aussi défectueuse, j'aimerois mieux dans
ce cas renoncer à faire une partie des avoines,
et y substituer l'orge qui peut se semer plus tard.

J'ai essayé de me servir de la charrue de
M. *Guillaume ;* elle donne sans contredit beaucoup moins de tirage que toute autre : attelée
de deux chevaux seulement, son succès a été
complet dans les terres meubles, mais dans
celles très - argileuses, ou trop humides, ou
durcies par la sécheresse, il est difficile de la
contenir et de la diriger, les billons la faisant
sautiller perpétuellement, ainsi que les racines
qu'on trouve fréquemment : les sables quartzeux et aigus usent aussi très-promptement son
soc et son versoir (j'ai été obligé de garnir ce
dernier en tôle pour le préserver). Tous ces
inconvéniens d'ailleurs, je le répète, lui sont
communs avec toutes les autres charrues, celle
du pays exceptée. Pour pouvoir s'en servir
avec avantage dans tous nos sols, il faudroit
d'abord changer totalement la forme du la-

bour, et la construire aussi sur un plus fort échantillon.

J'ai dit plus haut que les prairies artificielles n'étoient nullement en usage ; si l'on en avoit vu quelques petites pièces, ce n'étoit que dans les jardins et vergers : voyant qu'on les connoissoit et qu'on n'en faisoit point, je craignois d'y rencontrer quelques difficultés, car de ce qui se fait dans un jardin, on ne peut tirer une conclusion favorable pour ce qui se feroit en plain champ ; néanmoins, dès mon arrivée, ayant semé du trèfle et de la luzerne sur plusieurs pièces de terre de nature diverse, le tout de la contenance d'environ quatre hectares, j'ai été tout surpris de leur réussite complète, d'autant plus qu'il ne m'avoit pas été possible de prendre les précautions d'usage en pareil cas, mes terres n'ayant reçu ni engrais, ni labours préparatoires. Mais ce qui m'a paru encore plus étonnant, c'est de n'avoir remarqué dans leur produit aucune proportion relative à la qualité du terrein ; dans de mauvais sable où l'on récolte à peine vingt myriagrammes de seigle par demi-hectare, j'ai de belle luzerne, et des trèfles aussi beaux que j'aurois pu les avoir, non seulement sur les meilleures terres à blé du pays, mais même sur les meilleures terres possibles.

J'ai cultivé ailleurs des terres mieux tenues,
plus fécondes en grains et autres productions,
qui n'auroient pas donné en trèfle une aussi
belle récolte, et assurement à juger de la terre
par la superficie, je n'aurois jamais pu concevoir de telles espérances. Il est donc bien constant qu'il est impossible de juger une terre au
premier coup-d'œil ; ce n'est pas en raison de
sa production actuelle que l'on peut estimer
son produit futur ou possible, la nature des
couches intérieures y joue un rôle qui n'a pas
encore peut-être été assez apprécié, et qui
mérite d'être étudié avec autant d'attention
que de discernement. On conçoit bien à la vérité qu'un champ dont la superficie sableuse
nage dans l'eau pendant la saison froide, et
est exposée à l'ardeur brûlante du soleil pendant la saison sèche, est une mauvaise ma-
trice pour le grain ; on conçoit bien que si
la couche intérieure est plus substantielle et
conserve plus de fraîcheur pendant la saison
sèche, elle favorise plus puissamment la végétation des racines pivotantes qui peuvent
l'aller chercher, tandis qu'elle est complètement inutile aux racines fibreuses des graminées, qui ne pénètrent en terre qu'à la profondeur de quelques centimètres ; mais cela suf-

Est-il pour rendre raison d'une surabondance de production qui n'auroit pas eu lieu , même dans des terres de bonne nature amendées et cultivées avec soin depuis un long espace de temps ? Quoi qu'il en soit , c'est un dédommagement offert aux cultivateurs en compensation du peu d'aptitude que le terroir paroît offrir à la production des grains , dédommagement qu'ils devroient s'estimer très-heureux d'avoir , et qu'ils ne peuvent se reprocher qu'à eux-mêmes de ne savoir pas mettre à profit. Quant à moi , en attendant qu'à l'égard des grains une meilleure agriculture ait démontré ce qu'il sera possible d'obtenir , craignant de me livrer à des essais incertains et dispendieux , je préférerai ce produit en fourrages , bien qu'il ne soit pas d'un débit facile , puisque sa valeur n'est guère que moitié de ce qu'elle seroit à Paris , tandis que celle du grain y est au même taux , et je me bornerai à la culture des prairies artificielles vivaces. J'en ai actuellement quarante hectares en rapport, c'est à-peu-près tout ce que j'ai de terres disponibles , et ce n'est que lors de leur défrichement , et quand elles auront passé sur tout mon terrein , que je hasarderai de tenter d'autres cultures , bien persuadé que ce n'est qu'alors que je pourrai m'y livrer avec un succès complet.

Pour la formation de ces prairies artificielles, je n'ai à me glorifier ni de précautions minutieuses ni de difficultés vaincues ; je les ai établies avec la plus grande facilité et sans moyens extraordinaires ; il m'a paru néanmoins que si les trois plantes le plus communément employées à cet usage, le trèfle, la luzerne et le sainfoin, pouvoient généralement réussir, cependant c'étoit le trèfle qui devoit l'emporter sur les autres, et par son produit et par la facilité qu'il a d'y venir par-tout. Le sainfoin, ici comme ailleurs, doit être semé de préférence sur les coteaux, ou au moins sur les terreins inclinés ; la luzerne s'y plairoit également, et on peut même la mettre sur des terres plus plates, pourvu que l'eau n'y séjourne pas, ce qu'on peut prévenir par des fossés d'écoulement : j'en ai de fort belle sur de bonne terre, j'en ai de passable sur du sable très-mauvais, j'entends par-là très-peu propre à la production des grains ; mais c'est sur-tout le trèfle que je recommande : j'ai dit plus haut que j'en avois récolté quatre cents bottes par demi-hectare sur un ancien pré qui, avant d'être défriché, ne donnoit pas cent bottes de mauvais foin. Je recommande aussi de ne les semer

qu'au printemps , celles que j'ai faites en automne ne m'ayant pas si bien réussi , à cause
de l'humidité habituelle du sol.

Il seroit difficile, dans l'état actuel des choses,
de conseiller pour ce pays un assolement quelconque basé sur un cours de moissons régulier ;
tel bien ordonné qu'il fût , je n'oserois jamais
en dire : ce sera celui-là sur lequel on gagnera
le plus , mais bien , c'est sur celui-ci qu'on
perdra le moins. A l'exception des prairies artificielles vivaces , dont l'avance une fois faite
sert pour plusieurs années, et peut avec le temps
rentrer en détail , je ne vois pas quelle culture
je pourrois conseiller en grand. Dans le fait,
plus on laboure et plus on ensemence de terrein , plus on perd ; peut-être ne faudroit-il
pas dire tout-à-fait et aussi crument cette vérité à nos cultivateurs ; mais il n'en est pas
moins vrai qu'en Sologne , dont toutes les
terres sont à-peu-près pareilles aux plus mauvaises de mon canton , une seule récolte de
seigle en vaut six des nôtres à égalité de terrein , je ne dis pas en produit net , mais en
produit brut, c'est-à-dire frais déduits , et cela
par la seule raison que nos terres sont sou-
mises à un assolement régulier, mais très-mauvais , tandis qu'en Sologne on ne les met en

culture que quand elles se sont assez reposées pour donner une bonne récolte, et qu'on les abandonne à elles-mêmes aussitôt que leur produit décline.

Mais comment se flatter de pouvoir déterminer nos cultivateurs à convertir la majeure partie de leurs terres en prairies artificielles? Accoutumés à nourrir leurs bestiaux ailleurs que sur leurs terres et sans qu'il leur en coûte rien, intimement persuadés qu'avec la meilleure culture possible leurs terres à grain ne produiront jamais plus qu'elles ne produisent actuellement, si on leur propose de distraire de leur sole de blé un nombre d'hectares quelconque, dans la crainte de voir diminuer d'autant leur produit en grain, qui ne va déjà pas beaucoup au-delà de leurs besoins, ils croiront toujours qu'on veut leur arracher leur subsistance. Tant qu'on n'interdira pas le parcours qui se fait aux dépens de tout le monde, et le pacage dans les bois qui se fait aux dépens des grands propriétaires, il ne faut pas espérer que les fermiers se déterminent à faire rien produire pour la nourriture de leurs bestiaux. Quant au parcours, le Gouvernement seul peut en ordonner la suppression. Quant au pacage dans les bois des particuliers, ou autres, je n'oserois proposer une pareille mesure, dans la crainte de porter atteinte au droit de propriété; ce seroit pourtant le seul moyen d'atteindre le but, car ce ne sera jamais un seul particulier qui oseroit le supprimer chez lui, il n'en seroit pas le maître, et il ne pourroit louer ses fermes; et comment espérer qu'ils se liguent jamais tous pour exécuter cette mesure d'un commun accord?

Avant d'en venir à un tel ordre de choses, il se passera nécessairement bien du temps, et les propriétaires qui y sont le plus intéressés n'en sont pas plus disposés à l'avancer, la plupart n'étant pas mieux prévenus en faveur de leurs terres que les fermiers eux-mêmes; ce seroit encore au Gouvernement, s'il daignoit jeter les yeux sur l'agriculture, et s'il vouloit s'en occuper efficacement, à donner l'exemple.

Quelques fermes expérimentales pourroient être établies dans divers cantons, en Sologne sur-tout, où les terres coûtent si peu, et où elles produisent si peu avec la culture actuelle, que le moindre degré de perfectionnement ne pourroit manquer d'en décupler la valeur. Le terrein de la Sologne ressemble si fort à une partie du nôtre, que je suis persuadé que ce qui a été fait sur l'un, on le feroit sur l'autre avec la même facilité. Qui empêcheroit d'établir dans cette contrée qui, sans culture et sans art, élève et nourrit déjà beaucoup de bestiaux, où l'on est porté d'inclination à cette branche d'industrie agricole; d'y établir, dis je, de vastes prairies artificielles, et d'y faire herbager les bestiaux, comme on le fait en Normandie, sur les prés naturels? La culture des prairies artificielles est de toutes la plus aisée, la plus sûre, la moins coûteuse, et ce mode de faire valoir les terres, n'exigeant ni constructions dispendieuses, ni une nombreuse population, conviendroit parfaitement à la Sologne.

Bois et Plantations.

Les bois des particuliers ne sont plus guère que des taillis, dans lesquels on voit très peu de gros chênes; on remarque avec peine que les baliveaux et modernes n'ont pas cet air de vigueur qui pourroit faire espérer de les voir un jour les remplacer. Le peu de soin qu'on a de conserver les plus beaux brins, le séjour des eaux dans les terres jusqu'au mois de Juin, les gelées tardives du printemps, ou précoces d'automne, les sécheresses, et sur-tout les chenilles, paroissent avoir contribué à cet abâtardissement; encore vaudroit-il mieux en voir

les causes dans le peu de soin, ou dans des ca-
lamités accidentelles, que dans un changement
supposé de climat, ou l'épuisement du sol.

Les bois coupés pendant la révolution sont
très-reconnoissables; broutés et rabougris,
pleins de clairières, ils témoignent le dégât
qu'y ont fait les bestiaux; le remède est presque
impossible à cause du pacage habituel de ceux-
ci, il est fixé à sept ans par l'usage et les baux.
Si, à cet âge, il en est qui sont défensables,
il en est aussi qui ne le sont pas, et qui ne le
seront jamais, soit par le vice du sol, soit
qu'ayant été broutés à différentes fois après
leur coupe, la souche ait perdu sa vigueur,
et ne puisse après le recepage acquérir en sept
ans assez de hauteur. Il est urgent de remédier
à cet abus, et les seuls remèdes sont la suppression absolue du pacage dans les bois, et
une police plus sévère.

Presque toutes les propriétés, assez multi-
pliées ici, contiennent quelques petites pièces
de bois; eu égard à la pénurie qui nous me-
nace, doit-on désirer leur suppression? Il n'en
est pas moins vrai qu'elles sont du plus grand
inconvénient pour l'agriculture. Malgré les
fossés qui les entourent, elles affament les
terres voisines, et les infestent, soit par leurs

graines , soit par leurs drageons. Les bois
sont-ils nouvellement coupés? ils sont broutés
par les bestiaux qui paissent sur les terres d'a-
lentour , leur peu d'étendue ne valant pas les
frais de garde : sont-ils défensables ? pour y
arriver en vertu du droit de pacage , toutes les
terres d'alentour sont ravagées.

La plupart des pièces de terre sont entourées
d'arbres à tige , et encore plus de trognes (c'est
le nom qu'on donne ici aux arbres étêtés à une
certaine hauteur); il est très-difficile et même
impossible d'en préserver aucuns de cette mutilation, les cultivateurs jouissant de leur émondage. Si les trognes , lesquelles ne sont d'ailleurs jamais bonnes qu'à brûler , produisent
de plus gros branchages , je ne crois cependant
pas qu'elles équivalent pour la quantité à celle
produite par un arbre à tige élevée , ce seroit
alors un intérêt mal entendu de la part du fermier. Je sais que cette méthode de conduire
les arbres a aussi ses approbateurs , mais c'est
l'intérêt ou la volonté du propriétaire , et non
du fermier , qui doivent l'emporter. L'abus
mériteroit donc d'être réprimé sévèrement ,
mais l'on y fait fort peu d'attention.

Je ferai relativement aux bois la même remarque que j'ai faite en parlant des terres de

labour, c'est que les terres sablonneuses sont aussi regardées comme les plus froides, et que c'est là que les gelées font le plus de tort ; le séjour des eaux prolongé indéfiniment par la petitesse et le mauvais entretien des fossés qui sont ici d'une nécessité indispensable y contribuent probablement beaucoup ; à cela près, le bois pousse assez vigoureusement, et presque également sur toutes les espèces de terres bonnes ou mauvaises, ce qui prouve encore l'influence de la couche inférieure ; il gagne même insensiblement les terres voisines, et si le labour n'y mettoit quelque obstacle, le pays s'en trouveroit bientôt couvert. C'est par l'épine noire sur-tout que cet envahissement commence ; aussi les habitans la nomment-ils la mère des bois. A l'abri des drageons qu'elle pousse çà et là, lèvent et croissent les graines d'arbres, les glands apportés par les oiseaux et les mulots, et l'on voit avec surprise s'élever un chêne du milieu d'un buisson.

J'ai déjà parlé du tort que faisoient aux bois le séjour prolongé des eaux, faute de pente et de fossés suffisans, et les gelées tardives qui les accompagnent ordinairement, tant parce que ces gelées augmentent d'intensité à raison de l'humidité de l'air et du sol, que parce que les arbres qu'elles fatiguent repoussent avec d'autant moins de vigueur, qu'ils ont le pied et les racines baignés ; mais en suivant la direction des fossés, la vigueur des arbres qui les bordent est remarquable. A cette preuve évidente du bienfait local que ces fossés répandent dans leur passage, on ne peut s'empêcher de se demander s'il ne seroit pas possible de rendre ce bienfait général.

Multiplier ces fossés, les pratiquer d'une manière mieux entendue, percer de distance en distance des allées dans des directions convenables, et enfin planter un peu moins dru, seroit assurément un grand pas vers l'amélioration ; mais ne seroit-il pas possible de faire encore mieux ? C'est sur quoi je vais exposer mes idées.

Je suppose qu'il s'agisse de faire une plantation nouvelle ; après avoir donné un seul labour préparatoire à la pièce de terre, on la diviseroit en planches de dix mètres de largeur, séparées par des intervalles de quatre mètres aussi de largeur ; la terre de ces intervalles seroit fouillée de trente-trois centimètres de profondeur (ou seulement de seize centimètres, si l'économie ou la nature du terrain l'exigeoient ainsi) ; cette terre seroit rejetée sur les planches , avec l'attention de les tenir un peu bombées dans le milieu ; lui laissant ensuite le temps de se mûrir , on planteroit sur cinq ou au plus six rangées parallèles à la longueur des planches , et à soixante - trois centimètres ou un mètre des fossés ; ces rangées se trouveroient par là à deux mètres environ l'une de l'autre , et les fossés intérieurs se rendroient dans celui extérieur dont la pièce seroit entourée.

Qu'on ne croie pas au surplus que cette opération exigeât une dépense énorme ; chacun pourra la combiner et la calculer suivant ses moyens et les localités. En faisant la fouille des fossés de trente-trois centimètres de profondeur , ce qui est le maximum , elle ne produiroit par demi - hectare que quatre cent soixante - quatorze mètres cubes de terre à remuer ; à 20 centimes le mètre , cela fait environ la somme de 95 francs. Lorsque pour planter l'on emploie la meilleure méthode connue , qui est celle de défoncer à bras toute la superficie du terrein , assurément cela coûte autant , ou même beaucoup plus ; il y auroit ici économie de deux septièmes de plant ou de semence , et les avantages de cette méthode que je regarde comme bien supérieure à toute autre, sur-tout dans mon département, seroient :

1°. D'augmenter l'épaisseur de la terre meuble et végétale d'environ quatorze centimètres, ce qui assureroit et la reprise du plant et sa réussite subséquente ; 2°. d'assainir pour toujours le sol, car en supposant même que, par suite, ces fossés ne fussent pas entretenus , leur grande étendue (étant des deux septièmes du terrein) suffiroit toujours pour contenir les eaux superflues ; 3°. de procurer à toute l'étendue du bois un égal courant d'air et de lumière , et une belle venue égale ; en effet , la partie même du milieu des planches étant un peu bombée, et ayant plus d'épaisseur de terre végétale , égaleroit en force les bordures des fossés , qui , comme l'on sait , sont ordinairement beaucoup plus belles.

C'est ainsi qu'en ôtant aux terres de labour du Département leurs billons, et en y substituant le labour à plat, qu'une meilleure culture peut y faire réussir , je les transporterois aux bois, auxquels, je crois, ce mode seroit plus avantageux.

Il ne faut pas s'effrayer non plus de la perte des deux septièmes du terrein ; tout le monde sait que, dans les bois, il y a toujours quelques clairières provenant ou du défaut d'air et de lumière, ou du vice du sol, ou de la stagnation des eaux; ici il ne pourroit y avoir d'autre vide que les fossés eux-mêmes, et encore seroit-il possible d'en tirer parti en y plantant des osiers ou saules marceaux, etc.

Je ne doute pas que cette méthode ne doublât ou même ne triplât la valeur de la feuille. En plantant donc seulement la moitié ou le tiers seulement de la superficie qu'on auroit autrement plantée, l'on auroit un pareil revenu, et l'on conserveroit le surplus à l'agriculture.

N'ayant point de terre à mettre en bois, je n'ai pu mettre cette méthode en pratique d'une manière absolue, mais je suis si persuadé du succès, que je vais en faire un essai approchant sur quelques glandées languissantes.

Je n'en dirai pas davantage sur un sujet qui a déjà été amplement traité, et récemment encore par M. *de Perthuis*; c'est à son ouvrage que je dois mes premières connoissances en cette partie (*).

Arbres isolés ou d'alignement.

J'ai vu en plusieurs endroits de fort beaux

______

(*) *Traité de l'Aménagement et de la Restauration des Bois et Forêts de la France. Paris, chez Madame Huzard. 1807, in-8°.*

platanes, ils paroissent s'y plaire; je n'en puis dire autant de l'acacia ou robinier, ceux que j'ai vus m'ont paru languissans, peut-être pour lui le terrein est-il trop froid et trop humide. Il y a de grandes plantations de peupliers d'Italie; il réussit mieux dans les sables que dans les terres fortes, il languit auprès des bois; mais indépendamment de la qualité du sol, il n'est réellement beau que sur les berges des fossés, et sur le bord des ruisseaux ou des terres labourées. C'est donc là seulement qu'il conviendroit de le planter. Le peuplier blanc d'Hollande y est plus rare, ceux que j'ai plantés ont été pris pour des trembles par les gens du pays. On y voit plus communément un peuplier qui paroît y être anciennement connu; soit peuplier noir, ou peuplier franc, ou alain, je ne sais lequel, car les gens du pays ne les distinguent point, sa tige est tortue et sa croissance assez prompte. On y en élève beaucoup en têtards comme le saule, on le plante de la même façon, et on le lui préfère pour garnir les chaussées des étangs, parce que ses racines s'étendent davantage. On m'a assuré que sa croissance étoit plus rapide que celle du saule, que son bois étoit plus estimé et pouvoit le remplacer dans plusieurs de ses usages; il est sans contredit le meilleur pour faire les planches de bateau.

Il a été mis en doute si les peupliers pouroient se multiplier de semence ; j'ai vu au clocher de l'église de Nemours, à plusieurs mètres de hauteur, un peuplier qui a poussé dans les interstices des pierres ; sa tige a été cassée, mais on en voit encore quelques rejetons ; il est difficile de croire qu'il soit venu là autrement que de graine.

J'ai aussi dans une de mes manœuvreries un jeune peuplier d'Italie, qu'on m'a assuré n'y avoir pas été planté ; il est d'ailleurs trop éloigné d'autres arbres de son espèce pour qu'on puisse croire qu'il est venu de drageons ; les botanistes cependant croient que nous n'avons en France que le mâle ; mais cela est-il bien constant ?

Le saule étoit autrefois plus commun qu'aujourd'hui, ou on néglige d'en replanter à mesure qu'il périt, ou on le plante sans beaucoup de précautions. L'on se plaint aussi qu'il ne reprend plus comme autrefois, parce que les étés sont trop secs. J'ai eu soin de faire butter les miens après la plantation, et j'en ai perdu peu, malgré la sécheresse de l'été dernier, et je me suis déjà aperçu qu'on avoit suivi mon exemple. Cet arbre est employé ici pour faire des échalas et des cercles. Celui à tige est extrêmement rare, et on le paie fort cher pour la boisselerie ; il réussit généralement, même dans les sables les plus légers.

On connoît ici, sous le nom de marsaule, plusieurs espèces ou variétés de saule marceau ; la grande espèce s'élève rapidement à une belle hauteur ; on l'emploie de préférence aux mêmes usages que le saule. Une petite espèce, nommée gevrine, commence à être cultivée régulièrement comme l'osier, pour la couper annuellement ; elle lui est, dit-on, préférée par les vanniers, et elle pousse assez vigoureusement. Avant de la planter, on défonce le terrein ; dans les terres couvertes d'eau ou qui lui conviennent le mieux, elle n'exige aucune façon ; dans celles qui lui conviennent moins, elle exige un binage annuel ; son produit va, dit-on, jusqu'à 600 livres par demi-hectare. J'ai fait dans mon jardin une petite pépinière de toutes les espèces que j'ai rencontrées, ainsi que des saules et osiers, pour pouvoir les comparer et étudier leurs propriétés économiques.

J'ai déjà une plantation assez considérable (environ six mille pieds) en saules, acacias,

platanes, érables, aylanthes, et diverses espèces de peupliers blancs et noirs ; je me suis
attaché principalement au peuplier suisse (*po-
pulus virginiana*) ; je l'ai tiré de Nemours, où
on l'a substitué avec avantage au peuplier d'I-
talie pour garnir les canaux qui bordent la
ville ; le terroir y est un sable léger, mais frais,
et sa croissance y est si rapide, que je crois
devoir vous en citer un exemple. Il en existe
un de seize à dix-huit ans de plantation, qui,
à hauteur d'homme, a près d'un mètre soixante-trois centimètres de tour, et une hauteur
proportionnée ; plusieurs autres du même âge
offrent des dimensions qui ne s'en éloignent
pas de beaucoup. J'en ai fait des boutures qui,
dès la première année, ont acquis un mètre
soixante-trois centimètres de hauteur, et je
compte, à la fin de la seconde, les arracher
pour les replanter à demeure.

J'ai de plus établi dans mon jardin un com-
mencement de pépinière ; j'ai déjà quelques
centaines de noyers, châtaigniers, platanes,
frênes, érables, et plusieurs milliers de peupliers, sur-tout du suisse ; la terre de mon jardin, forte et humide, paroît extrêmement favorable à la reprise des boutures, quoiqu'elle ne le
soit point du tout à la levée des semences (11).

Arbres fruitiers.

Cette partie est assez négligée ; cependant la commune d'Amilly , près Montargis , s'y est adonnée ; je ne l'ai point visitée ; mais comme c'est à Montargis qu'elle apporte ses productions , et qu'on n'y voit guère de beaux fruits , on ne peut se faire une grande idée de son industrie.

Dans quelques localités qu'on regarde comme trop froides pour la vigne , on cultive le poirier et le pommier à cidre ; par-tout ailleurs , et même dans les bois , c'est le poirier sauvage qu'on rencontre principalement , il y est d'une assez belle venue ; le pommier y est devenu moins commun , les chenilles le rongeant annuellement en ont fait périr beaucoup. Il est impossible de se garantir de cet insecte destructeur , qui gagne de proche en proche à la faveur des haies , des buissons , des bois , et des arbres isolés dont le pays est couvert. Les gelées tardives , et encore plus la fréquence des brouillards , rendent très-casuelle la récolte de tous les fruits , ceux du noyer et de la vigne exceptés , probablement parce qu'à l'époque de la floraison de ces derniers les terres commencent à se ressuyer , et que les brouillards deviennent plus rares.

On trouve dans les bois l'alisier commun, on fait une boisson avec son fruit ; son bois, qui est fort dur et d'un beau rouge, est employé avec avantage et recherché pour certains ouvrages d'ébénisterie. J'en dirai autant du cormier, qui se rencontre aussi dans les jardins et dans les vignes, mais il devient de plus en plus rare. Sa rareté elle-même et l'utilité de son bois contribuent à hâter sa destruction, et la lenteur de sa végétation empêche qu'on n'en replante. Il est étonnant que cet arbre, assez pittoresque par son feuillage et son joli fruit rouge en forme de petite poire, n'ait pas attiré l'attention des cultivateurs, ou au moins des curieux ; qu'on n'ait pas cherché par la culture et la greffe à le perfectionner et à s'en procurer des variétés ; son fruit, d'un goût plus délicat que la nèfle, quand il est bien mûr, fournit, au dire de tous, un cidre préférable à celui des poires et pommes. Cet arbre finira par disparoître ; ne pourroit-on pas, pour prévenir sa perte totale, le greffer sur le poirier sauvage, dont la croissance est beaucoup plus rapide ?

Noyer.

Les rudes hivers qu'on a éprouvés sur la fin du dernier siècle en ont fait périr la plus grande partie , et on n'a pas eu soin de les remplacer ; cependant cet arbre prospère ici assez généralement, et les gens de campagne n'y consomment guère d'autre huile que celle de noix. Je ne me suis encore procuré que peu de renseignemens sur sa culture et son produit ; on m'a seulement assuré qu'un trèsbeau noyer pouvoit produire jusqu'à un kilolitre de noix , mais ceux de cette espèce sont très-rares. J'ai ouï dire aussi à plusieurs personnes (ce qui est en contradiction avec l'opinion de quelques agronomes) que l'espèce de noix qu'on nomme anguleuse, qui est fort difficile à casser et à éplucher, étant néanmoins plus pleine et plus pesante, quoique moins grosse , fournissoit aussi plus d'huile et de meilleure qualité. Je ne sais si la peine qu'on prend à les éplucher fait valoir le plaisir qu'on éprouve à les manger, mais j'ai cru leur trouver un meilleur goût. Réellement cela ne tiendroitil pas à ce que leur bois étant plus dur , et la noix y étant plus serrée , et par-là moins sujette à évaporation et à prendre l'air , elle s'y conserve plus long-temps fraîche et acquiert moins d'âcreté ? Si , à cet avantage , l'arbre qui la produit réunissoit une qualité de bois supérieure et moins de délicatesse , ainsi qu'on me l'a assuré aussi , il faudroit , au lieu de le proscrire , en recommander la plantation , du moins dans les pays où son fruit est moins destiné à être mangé qu'à d'autres usages économiques. Le prix du double décalitre varie ici depuis 1 franc 75 centimes jusqu'à 5 francs , suivant les années , et son produit est de beaucoup supérieur à celui de toute autre culture ; dans l'état actuel des choses , celle des plantes oléagineuses ne peut nullement lui être comparée ni substituée.

Vignes.

Cette partie n'étant pas celle dont je me suis spécialement occupé , je ne donnerai que sous la réserve du doute le peu que je crois ou savoir ou avoir observé.

La culture de la vigne , qui n'est assurément pas la branche de l'agriculture la plus aisée , est cependant ici , comme elle peut l'être ailleurs , un peu mieux entendue que les autres. Si le vin est devenu pour nous , ainsi que l'est le blé , un objet de première nécessité , il est aussi plus que lui un objet de luxe , et c'est probablement à cette raison qu'il faut attribuer le perfectionnement de sa culture.

On voit dans mon canton quelques vignes ;

le vin un peu coloré y est assez bon, lorsqu'il est bien soigné.

J'ai une vigne plantée principalement en gamès et sur un terrein argileux légèrement incliné au nord-est, toutes circonstances qui, suivant l'opinion généralement reçue ailleurs, ne feroient pas préjuger en sa faveur; elle donne cependant un vin qui, depuis long-temps, a de la réputation dans le pays. Près de Montargis, au contraire, sur des côtes sablonneuses et pierreuses et à une meilleure exposition, sont des vignes dont le vin lui est très inférieur.

Il ne faut pas croire que ce soit ici un cas particulier, car les vignes plantées sur l'argile sont celles que l'on estime le plus, elles passent pour produire davantage et de meilleur vin; et le gamès qui fait la base des vignes jouit au même titre de la même préférence. Faut-il donc que le gamès, pour donner de bon vin, soit planté sur une terre argileuse? Ou, une terre argileuse ne peut-elle donner de bon vin que quand elle est plantée en gamès? Observons aussi que, quoique le raisin mûrisse ici à-peu-près à la même époque qu'aux environs de Paris, on y fait la vendange beaucoup plus tard, parce que le raisin y est moins sujet à la pourriture, et peut-être doit-on mettre au-dessus même de la qualité intrinsèque du raisin produit par le meilleur cepage cette propriété de ne point pourrir, quelle qu'en soit la cause; et si le gamès jouit de cette propriété, si elle est en lui plus marquée sur la terre argileuse que sur le sable, comme j'ai cru le voir, car il a effectivement la peau plus épaisse et plus dure, voilà plusieurs raisons pour justifier la préférence qu'on lui accorde, et à lui et aux terres argileuses sur lesquelles il se plaît.

Qu'à ces considérations l'on ajoute celle provenant de la disposition particulière des couches de terre dont j'ai parlé ailleurs, et l'on aura à grossir le nombre des causes déjà connues ou soupçonnées de la qualité des vins.

En réfléchissant sur ces causes qu'il est bien difficile et qu'il seroit cependant important de connoître avec certitude, j'ai pensé qu'il seroit possible d'y parvenir en reconnoissant celles qui auroient produit un effet contraire, je veux parler de la dégénération des vins.

L'histoire nous apprend en effet que des vins autrefois fameux ont totalement dégénéré; ceux même des environs de Paris, tels que celui d'Auteuil, et notamment celui de Surène, ont joui d'une certaine réputation. Si ce fait,

aujourd'hui contesté parce qu'il paroît extraordinaire, peut s'expliquer, aussi-bien que tout
autre de même nature, je ne vois pas pourquoi
on le révoqueroit en doute ; et si, pour le nier,
on ne se fondoit que sur la considération que le
sol et le climat n'ont pas sensiblement changé,
ne pourroit-on donc pas, d'un autre côté, ar-
guer de l'influence exercée par la culture, le
fumier, le changement de plant, etc. ? C'est
sur quoi je vais exposer mes idées, et, ne fus-
sent-elles pas fondées, je croirai avoir beaucoup fait, si, chemin faisant, je parviens à
détruire quelques erreurs.

Le fumier nuit-il donc réellement et nécessairement à la qualité du vin ? Si cela étoit,
lorsqu'on fume les vignes, le vin de cette
année-là devroit être moins bon que le précé-
dent ou le subséquent ; ni moi, ni bien d'autres, ce me semble, n'avons rien vu de pareil.
Plusieurs vignerons consultés à ce sujet ont
été d'un avis unanime. Je veux bien croire
qu'à certains vins très-délicats dont le bouquet
fait le seul mérite, l'excès du fumier peut nuire ;
encore attribuerois-je cet effet, moins à la
mauvaise qualité des sucs nutritifs qu'à une
surabondance de sève qui n'auroit pas eu le
temps de s'élaborer, et il est de fait que le

raisin des vignes trop abondamment fumées mûrit difficilement. La vigne à cet égard n'a rien de particulier, il en seroit de même pour toute autre plante, et je pense qu'en pareil cas toute espèce d'amendement, ne fût-ce que de la terre végétale en trop grande abondance, produiroit le même inconvénient. Peut-être n'avons-nous pas à cet égard beaucoup d'expériences positives; je dirai pour ma part que j'ai plâtré une vigne avec succès, à la quantité de cent sacs de Paris par demi - hectare. Au résumé, l'effet du fumier ou de tout autre amendement une fois passé, le vin qu'on suppose devoir s'en être ressenti devroit reprendre sa qualité première; or, c'est ce qui n'est pas.

Attribuera-t-on la dégénération du vin à la culture de la vigne? Mais c'est encore là une supposition gratuite; on cultive fort bien la vigne aux environs de Paris; à la vérité on la charge trop, et si ce n'est des marcottes, au moins peut-on dire des piques, qu'elles donnent beaucoup de vin, mais non de bonne qualité, par la raison que j'ai donnée plus haut que le fruit n'a le temps ni le moyen de s'élaborer; mais cette raison n'est encore que celle du moment, car l'année d'après, en changeant

de méthode, le vin devroit reprendre sa qualité première ; or, c'est encore ce qui n'est pas.

Est-ce donc au plant qu'il faudra s'en prendre ? C'est ce que je vais examiner avec plus de
détail. Je sais bien qu'on a reproché avec
raison aux vignerons d'avoir substitué à un
bon plant un autre moindre en qualité et plus
fort en produit, et cela par un intérêt mal entendu. Sans nier entièrement l'influence des
autres causes que j'ai combattues, je pense
que celle-ci paroît mieux fondée ; je ne crois
cependant pas qu'elle suffise pour résoudre le
problème, car pourquoi supposer qu'on a absolument détruit le cepage qui faisoit la réputation d'un vignoble, ou qu'après l'avoir détruit, on n'a jamais cherché à le rétablir ?
Mais rétablir le plant anciennement en posses-
sion du sol, est-ce pour cela rétablir la qualité
du vin ? Rétablir le même plant, n'est pas toujours le rétablir dans toutes les circonstances
où il se trouvoit primitivement, indépendamment de la manière de planter, soit en cros-
settes, soit en marcottes (et j'observe que cette
dernière méthode a dû être substituée à l'ancienne, parce que, quoique peut-être moins
durable, ce à quoi je prie de faire attention,
elle est d'autre part plus sûre et plus prompte,

et que, de plus en plus, on est pressé de
jouir); sans discuter si, par vieillesse, c'est-à-
dire à force de s'éloigner de sa souche primitive par la voie de marcottes ou bontures ré-
pétées à l'infini, un plant est susceptible ou
non de dégénérer, je m'arrêterai sur un point
qui me paroît plus essentiel. S'il est avéré que
les vieux arbres donnent les meilleurs fruits, à
combien plus forte raison cela ne doit-il pas
être sensible sur la vigne, qui vit peut-être plus
long-temps que tout autre ; sur la vigne, que la
culture a depuis si long-temps perfectionnée ;
sur la vigne, du fruit de laquelle la saveur est
encore développée par la fermentation, et par
une multitude de moyens subséquens que la
nécessité ou le luxe ont fait imaginer. Or,
telle ou telle vigne très-renommée, ou ayant
été arrachée parce qu'on trouvoit que la quantité du produit diminuoit, ou ayant fini par
vétusté, car malgré sa longévité encore faut-il
qu'elle finisse, je dis qu'il est très-probable
qu'il n'a pas été possible d'y rétablir le même
plant qui lui avoit acquis sa réputation, parce
que les sucs nutritifs qui lui convenoient
avoient été précédemment épuisés, et si on
l'y a rétabli, ce n'a été qu'avec des moyens
extraordinaires qui ont dû nuire à la qualité

du vin, ou plutôt il y aura bientôt péri de langueur, et n'aura pu y acquérir cette belle vieillesse qui n'arrive qu'avec l'âge prescrit par la nature.

Soit que l'expérience détruise, soit qu'elle confirme cette idée, que je ne donne que pour ce qu'elle vaut, toujours est-il vrai qu'aux environs de Paris, et peut-être dans toutes les localités où l'on a plus d'intérêt à faire beaucoup de vin qu'à le faire bon, il y a très-peu de vieilles vignes, et que les nouvelles ne durent pas long-temps, soit parce qu'on les use promptement, soit parce qu'on les replante trop tôt sur un terrein qui en avoit déjà porté (12).

Peut-être quelque jour la science sera-t-elle assez avancée pour offrir un tableau des diverses causes influentes sur la qualité des vins, et du degré probable d'influence de chacune d'elles. Nous sommes à cet égard dans les circonstances les plus favorables ; un nouveau champ d'observations se présente ; il s'agit de reconnoître les sols et les cepages les plus propres à produire la matière du sucre et sur-tout des sirops et conserves de raisins, et ce fruit est déjà par lui-même celui qui la contient le plus abondamment ; cette nouvelle branche d'industrie ne peut nous échapper ; elle est déjà trop bien établie, grace au zèle et aux lumières de M. *Parmentier ;* le rassemblement de tous les cepages connus à la pépinière du Luxembourg, qui ne pouvoit être mieux confié qu'à la direction de M. *Bosc,* et l'ouvrage de M. *Chaptal* (*), concourront à réaliser nos espérances, et à porter à sa perfection une des parties les plus intéressantes de l'agriculture.

En lisant cet ouvrage, qui devroit être entre les mains de tous les propriétaires de vignobles, j'ai cru pouvoir hasarder quelques remarques, non dans la vue de combattre les règles générales établies par l'auteur, mais bien de présenter quelques exceptions à ces mêmes règles.

Il y est dit que les expositions du nord et du levant sont les plus gelables ; abstraction faite du vice de cette exposition pour la maturité du raisin, cette proposition ne souffre-t-elle pas d'exception ? J'ai souvent remarqué le contraire.

Quatre époques principales de gelée sont à craindre pour la vigne ; celle d'hiver qui attaque le bois et le bourgeon ; celle qui, au premier mouvement de la sève, les attaque également quand ils sont humectés par elle ; celle

____

(1) *L'Art de faire le Vin. Paris, chez Déterville,* 1807, in-8°. avec fig.

de printemps qui attaque le bourgeon au moment qu'il se développe , ou même lorsqu'il
est devenu jeune branche ; enfin celle d'automne qui attaque le fruit.

La gelée d'hiver , quand elle est sèche , attaque rarement la vigne ; elle n'est à craindre
que lorsqu'elle est accompagnée d'humidité.
Or , cette humidité est bien plus rare à l'exposition du nord ; et les jardiniers savent fort
bien qu'ils sont plus exposés à perdre certaines
plantes sensibles à la gelée à l'exposition du
midi , par l'effet des faux dégels , et le passage
subit d'un soleil quelquefois assez ardent au
froid de la nuit.

Quant aux gelées de printemps , la vigne
exposée au midi y est encore très-sujette, d'a-
bord parce qu'elle est plus avancée , et ensuite
parce que n'étant point balayée pendant la nuit
par les vents de nord ou nord-est , soit l'humidité produite par la sève , soit la rosée blanche,
se dissipent moins aisément. On pourroit dire
à peu-près la même chose des gelées d'automne,
qui d'ailleurs ne sont pas généralement celles
qui font le plus de mal.

Il y est dit aussi que le tartre ajouté au moût
contribue à la formation de l'alcool ; j'ai essayé
en vain de les combiner en les faisant bouillir

ensemble ; le tartre en refroidissant s'est cris-
tallisé, sinon en tout, du moins en grande
partie ; ce qu'il y a de certain, c'est que le
moût où je l'avois introduit ne m'a pas donné
un vin plus généreux ; et les expériences de
M. *de Bullion*, citées à cet égard, ne me paroissent pas du tout concluantes. Je ne dis cependant pas que la nature n'ait des moyens
d'opérer cette combinaison, mais ils ne sont
probablement pas connus.

Quant au fumier, qui est présenté comme
nuisible, je crois que l'abus seul peut l'être,
mais seulement par les raisons que j'en ai données plus haut, auxquelles je me réfère.

On doit se rappeler que le gamès est le plant
préféré, et que j'ai essayé de donner les raisons
de cette préférence ; voici les noms de quelques
autres plants cultivés concurremment.

En noir.

Auvernat.	Guignolet, peu estimé.
Sanmoireau.	Gouais.
Teinturier, ou noireau.	Arboin, très - estimé
Pineau, assez rare.	dans les terreins
Grand noir.	caillouteux.
Gros noir.	Meunier.
Muscat noir.	

En blanc.

Gamès blanc.   Meslier.
Sanmoireau blanc.   Gouais blanc.
La Rochelle.

On y fait peu de cas du meunier, on pense que le vin en est assez délicat, mais sans force ; on le cultive peu, tant par cette raison que parce qu'il s'égraine, pourrit aisément, et que, mûrissant le premier, il devient la proie des insectes et des oiseaux ; pour en juger plus sainement, il faudroit ou le planter, ou du moins le vendanger à part.

On pratique deux méthodes de faire le vin : dans l'une, on écrase le raisin sur le pressoir, et on le jette ensuite dans la cuve pour l'y laisser fermenter tranquillement, sans y toucher qu'au moment du décuvage ; dans l'autre, on le foule à plusieurs reprises pendant la fermentation. Les vignerons savent fort bien que cette dernière méthode peut faire perdre au vin son arome, son esprit, et cependant c'est la plus usitée, parce qu'elle lui donne de la couleur, et même de la fermeté, et qu'alors il se conserve mieux, et sur-tout se vend mieux. A cette dernière raison il n'y a rien à dire, et dans le fait, avant d'enseigner au vigneron à faire le vin, il faudroit apprendre au buveur à le connoître.

La durée du cuvage est de dix à quinze et même vingt-un jours; au surplus, cela tient un peu à la saison, et peut-être la fermentation est-elle retardée par l'inconvénient d'un cuvage sous des hangars, faute de cellier; l'on attend que la fermentation ait entièrement cessé, que le vin soit refroidi et clair. Les vignerons sont encore guidés dans cette opération par les mêmes motifs que pour le foulage, c'est-à-dire par leur intérêt, et il m'a paru qu'ils savoient également à quoi s'en tenir sur les avantages et les inconvéniens d'un cuvage un peu trop long suivant moi. Je préfère de devancer d'un jour ou deux tout au plus la cessation complète de la fermentation (sur trois années elle n'a varié que de huit à dix jours chez moi, à raison d'un peu plus de soin); mon vin n'en est que plus agréable, la couleur m'est à-peu-près égale, et je ne trouve pas qu'il se conserve moins bien. Quand il est entonné, je le remplis souvent, sur-tout dans les commencemens, et je crois que, faute d'avoir ce soin, leur vin y perd beaucoup.

On voit communément dans les haies une vigne sauvage à fruit noir un peu âpre; cette vigne est-elle indigène, ou est-elle le produit des pepins de raisin cultivé, transportés par les oiseaux ? Mais, dans cette dernière supposition, pourquoi n'en voit-on jamais qu'à fruit noir ?

J'ai transplanté dans ma vigne quelques cepages venus de semence que j'ai élevés. Cette transplantation, à laquelle j'ai été forcé, a retardé leur fructification. Néanmoins, avant cette époque, une trentaine de pieds offrant de grandes variétés dans le feuillage, dans la forme et la couleur du fruit, avoient donné du raisin fort bon à manger ; d'où l'on peut conclure que si le fruit de la vigne à l'état sauvage n'étoit pas mangeable, nous devons être bien éloignés de cette époque, puisque par la semence elle ne retourne point à cet état primitif, comme le font plusieurs de nos arbres à fruit. Je rendrai par la suite un compte plus exact du résultat de cet essai.

Au total, la vigne réussit assez bien dans mon canton, quoique le sol soit plat et humide ; il est assez singulier que ces désavantages puissent être balancés par un seul degré de latitude plus méridionale que celle de Paris, lequel d'ailleurs ne paroît pas influer sur l'époque de la moisson, car elle ne s'y fait pas

plus tôt qu'aux environs de Paris. A défaut
d'observations météorologiques , mais fondé
sur quelques remarques relatives à la végétation , je serois porté à croire que le climat de
ce pays , ayant en hiver et en été une température égale à celle de Paris , a d'autre part un
printemps plus humide et plus froid ; mais en
revanche un automne plus chaud et peut-être
plus sec , et il est très-probable que cette iné-
gale dispensation d'une égale quantité de chaleur et d'humidité tourne au profit des productions d'automne, telle que l'est le raisin (13).
Cette culture mérite donc d'y être étendue ,
d'autant qu'elle y est plus avancée que les
autres , qu'elle concourroit à y rétablir ou attirer la population et le numéraire , et qu'elle
est le meilleur moyen de tirer parti d'un sol
généralement assez peu productif.

Notes sur le Mémoire précédent.

(1) On y appelle encore gastines le peu de terres qui restent en friche, ce qui ne laisse aucun doute sur l'étymologie du mot Gâtinois.

(2) Cette singularité apparente me fournit l'occasion d'examiner un sujet qui est de quelque importance pour l'agriculture, et qui n'a peut-être point été approfondi, je veux parler de cette dénomination de terres froides et chaudes, et avant d'entamer cette discussion, je citerai quelques faits qui y ont rapport ; que ces faits soient ou non à votre connoissance, il est bon de les remettre sous vos yeux, et s'ils ne sont pas assez nombreux pour servir de base à une théorie, ils attireront du moins l'attention sur ces objets, et appelleront d'autres faits à leur appui.

1°. Il est une observation commune à moi et à plusieurs autres agriculteurs, faite en plusieurs lieux différens, c'est que, sur deux pièces de terre voisines et à la même exposition, l'une sableuse et l'autre terre forte, c'est toujours de préférence sur celle sableuse que les gelées d'hiver pénètrent le plus avant, et que celles de printemps endommagent le plus la luzerne, la vigne, le chêne, etc. ; que les gelées d'automne, au contraire, ou y produisent un effet inverse, ou au moins les affectent également.

2°. Un fait encore bien connu des praticiens, c'est que les gelées de printemps se font bien plus sentir dans une

vigne pleine d'herbes que dans celle qui est tenue pro-
prement, plus aussi sur les bordures d'une vigne qui
touche à un pré ou à une luzerne ; que le même effet a
encore lieu dans celle qui est fraîchement labourée, aussi
se garde-t-on bien de biner les vignes, les haricots, etc.,
lorsque le temps paroît menacer de gelée blanche ; et il
est aussi d'expérience qu'une terre légèrement binée à
intervalles peu éloignés conserve plus de fraîcheur habituelle, probablement dans cet état elle répare la perte
d'humidité que lui enlèvent le vent et le soleil par une
plus grande aptitude à se laisser pénétrer par les rosées,
ou par l'air qu'elle dépouille alors de son humidité ; il est
d'ailleurs remarquable que cet effet n'a plus lieu dans les
temps de grande sécheresse, où les rosées sont entièrement
nulles, et où la température de l'atmosphère n'est plus
sujette à d'aussi grandes, aussi fréquentes, et aussi su-
bites variations.

3°. Tout le monde peut encore avoir remarqué qu'en
passant, immédiatement après le coucher du soleil sur-
tout, d'un pré dans une terre labourée, d'une terre labourée dans un bois, etc., on éprouve alternativement
des sensations de froid, de chaud, d'humidité pénétrante ;
ces sensations dont je ne saurois indiquer ni les termes, ni
les causes, ne les ayant point assez examinées, tout en
supposant qu'elles n'affectassent pas les instrumens météorologiques de la même manière qu'elles affectent nos
sens, n'en doivent pas moins influer sur les plantes, et
elles le feront d'autant plus que la variété de sol et de
culture étant plus grande, comme cela a lieu ici, le passage de l'un à l'autre sera plus subit et plus marqué.

4°. Enfin l'on sait encore que, sur une terre cultivée,

la neige fond plus promptement que sur un chaume ou sur une friche.

Après avoir cité ces faits, auxquels on pourroit en ajouter plusieurs autres, j'en reviens à la discussion sur les terres froides et chaudes.

Quelle est l'idée qu'on attache à cette dénomination de terres froides et chaudes? Le sont-elles réellement, ou les juge-t-on telles par leur influence sur la végétation? Enfin, cette qualité tient-elle à leur nature intrinsèque seulement, ou à divers accidens, j'entends par-là les divers états où elles peuvent se trouver accidentellement, indépendamment de leur nature?

Je n'examinerai point ces questions en naturaliste, mais seulement en agriculteur; le premier en effet peut comparer ensemble les climats et les sols où croissent spontanément les mêmes végétaux, la nature les y a placés, des étrangers ne viennent point leur disputer le terrein, leur végétation foible ou vigoureuse, tardive ou précoce, suffit à leur existence; le but de la nature est rempli. Quant à l'agriculteur, qui n'est pas toujours le maître de choisir son terrein, ni les plantes qu'il doit y cultiver, puisqu'il est borné à celles qu'il connoît, qu'on lui demande, ou dont il a besoin pour lui-même, il n'estime la terre que suivant qu'elle peut produire avec avantage pour lui, il la qualifiera de chaude ou de froide, selon qu'il pourra la planter ou l'ensemencer dans la saison où l'on doit s'occuper de cet ouvrage, et à la même époque qu'il le fait ordinairement, selon qu'il en recueillera le produit plus tôt ou plus tard, mais cependant avec la condition indispensable que la récolte de ce produit pourra se faire sans être contrariée par la saison,

qu'il sera de la qualité ou de la maturité requise , pour
être demandé ou employé convenablement , et en même
temps assez considérable pour l'indemniser de ses avances.

Ayant donc ainsi déterminé l'idée que j'attache à cette
dénomination de terres chaudes et froides , ignorant s'il
a été fait des expériences pour constater si leur degré
respectif de température est sensible au thermomètre , et
leur influence sur la végétation étant d'ailleurs suffisamment reconnue , je passerai à l'examen des causes auxquelles on peut l'attribuer avec quelque vraisemblance.
Ce sujet , pour être éclairci , auroit besoin de plus de
lumières et d'expérience que je ne puis en avoir , il n'en
sera que plus avantageux de provoquer la discussion à
cet égard.

Les trois terres qui constituent pour l'ordinaire nos diverses qualités de sol , le sable ou silice , l'argile ou alu-
mine , la terre calcaire ou chaux , ne se rencontrant point
isolées ou dans leur état de pureté , il nous sera toujours
impossible de déterminer en grand et avec une précision
rigoureuse leurs effets sur la végétation ; nous pourrons
cependant en approcher jusqu'à un certain point , attendu
qu'il n'est pas rare de trouver l'une ou l'autre de ces terres
dans une proportion prédominante , et cela pourra nous
suffire.

Agissent-elles (comme quelques-uns l'ont pensé , la
chaux sur-tout) immédiatement sur les racines des plantes
comme un stimulant capable d'exciter et de hâter la végétation ? ou cet effet est-il produit par leur disposition plus
ou moins grande , soit à admettre ou à repousser la chaleur , soit à la conserver ou à la perdre plus ou moins rapidement une fois qu'elle est acquise ? Cette propriété

tient-elle à leur nature intrinsèque , ou à la forme et à la
grosseur de leurs molécules qui , dans la même espèce de
terre , peuvent encore varier beaucoup ? Jusqu'à quel
point cette même propriété peut-elle être modifiée ou
même changée par leurs proportions respectives , ou par
diverses circonstances et accidens , tels que le climat , la
saison , leur couleur , leur exposition au soleil ou à un aire
de vent quelconque , leur situation près d'un pré , d'un
bois , d'un grand cours d'eau , etc. , leur position hori-
zontale ou inclinée , la position respective des différentes
couches de terre apparentes ou non apparentes , supé-
rieures ou inférieures , qui les accompagnent , et enfin
leur perméabilité , leur culture actuelle , l'espèce de végétaux qui les couvre , ainsi que leur état actuel de sécheresse ou d'humidité ?

J'insisterai particulièrement sur ces dernières circonstances , fondé sur les divers faits que j'ai cités plus haut ,
qui m'autorisent à croire que plus les pores d'une terre
sont ouverts (le sable , par exemple , ou toute terre fraîchement remuée) , plus elle est soumise aux variations
de l'atmosphère ; plus elle est couverte de végétaux , ou
contient d'humidité habituelle , plus l'évaporation est
grande , et en même temps la restitution d'humidité par
les rosées plus considérable , plus aussi est sensible la
fraîcheur occasionnée par l'évaporation ; et plus ces divers mouvemens sont brusques , plus leurs effets augmentent d'intensité.

Appliquons présentement ces idées au sol dont il s'agit
ici , où , comme je l'ai dit plus haut , les terres sableuses
sont réputées froides et les terres fortes réputées chaudes.
Rappelons-nous que le sable y est toujours assis sur l'ar-

gile, et l'argile toujours sur la terre calcaire, et que le
sol est plat ; il en résulte que le sable nage pour ainsi
dire dans l'eau, puisqu'elle ne peut s'échapper à travers
l'argile inférieure ; aussi le moindre trou qu'on fait dans
le sable est-il rempli d'eau sur-le-champ, et plus la
couche de sable est épaisse, plus elle recèle d'eau, laquelle n'a pour se dissiper d'autre moyen que l'évaporation ; celle-ci ne peut manquer de produire beaucoup
de froid, étant très-abondante, et se prolongeant ordinairement jusqu'à ce que la chaleur soit devenue cons-
tante, ce qui n'arrive guère qu'en Mai et Juin ; il faut
aussi que cette évaporation balance, et l'humidité résul-
tante des pluies d'hiver retenues dans le terrein, et celle
produite par les pluies qui peuvent survenir ; donc jusqu'à cette époque ces terres doivent être réputées froides,
et peuvent se refuser à certaines productions. L'argile, au
contraire, assise sur la terre calcaire qui est naturellement sèche, n'y laisse point pénétrer l'eau ; une fois
qu'elle en est elle-même saturée, elle n'en absorbe
plus, l'excédant coule à sa surface, elle se ressuie aux
premiers hâles du printemps, et ne tient point les racines des plantes noyées, comme cela arrive dans les
sables, dont il est remarquable que la superficie est toujours humide, tant que l'intérieur l'est lui-même, ses
molécules paroissant en cela faire l'effet de tubes capil-
laires ; ce qui me fait conclure que le sable humide est
aussi froid que le sable sec est chaud, et qu'indépendamment de toute autre circonstance, on peut regarder
comme la plus chaude et la plus hâtive dans tout pays
la terre qui, par telle cause que ce soit, y sèche le plus
promptement et le plus complètement.

(3) A l'appui de cette remarque, il est bon de prendre connoissance des observations suivantes, et d'un fait assez singulier que j'ai observé sur les céréales.

Le grain en germant fait sortir d'une de ses extrémités une racine qui s'étend en terre, et de l'autre une tige qui s'élève perpendiculairement ; cette tige, garnie de nœuds de distance en distance, fixe à la superficie de terre son premier nœud, lequel projette à l'entour de lui plusieurs nouvelles racines. Aussitôt que ces racines de seconde formation, mais destinées désormais à nourrir seules la plante, ont pris terre, la première, c'est-à-dire celle qui étoit sortie immédiatement du grain, périt.

Cette manière de végéter qui paroît commune à toutes les graminées, et peut-être à plusieurs autres plantes à un seul cotylédon, peu connue, ou peu observée par les cultivateurs, les a entraînés dans plusieurs erreurs ; je ne ferai mention que de celles qui m'ont le plus frappé.

Plusieurs d'entre eux, dans la vue de préserver leurs grains de la chaleur et de la sécheresse de l'été, ainsi que du déchaussement quelquefois occasionné par de grandes pluies ou d'autres causes, croient devoir l'enterrer profondément ; précaution, comme l'on voit, fort inutile, et bien plutôt nuisible, puisque ne devant se nourrir en définitif que par les racines superficielles, le grain pour lever a d'autant plus d'effort à faire et de chemin à parcourir, qu'il est plus éloigné de la superficie du sol.

Cette marche que j'ai constamment observée dans les céréales, blé, orge, avoine, millet et maïs, n'est réellement bien sensible que lorsque le grain est enterré à une certaine profondeur, qui est dans ce cas toujours exactement mesurée par l'intervalle qui sépare la première racine de celles de seconde formation. Dans la vue d'observer cette marche de plus près, je semai en Février 1807 quelques grains d'orge dans un pot que je mis dans une chambre, la température extérieure étant alors trop froide. En peu de temps les grains levèrent, mais devinrent très-grêles et très-étiolés à cause de leur privation d'air et de lumière, et de l'humidité de la terre du pot; j'en arrachai quelques-uns, et n'y trouvai, quoique leur végétation fût déjà avancée, que la première racine toute seule, ce qui me parut extraordinaire, étant contraire à ce que j'avois observé jusqu'alors. Obligé à cette époque de faire une absence un peu longue, et la saison étant devenue plus douce, je mis le pot dans un jardin. A mon retour l'ayant examiné, je reconnus que, dans la plupart des pieds, le premier nœud de la tige qui, par une suite de l'étiolement, s'étoit élevé à trois centimètres au-dessus de terre, s'y étoit recourbé et fixé, et y avoit formé un empatement en donnant naissance à de nouvelles racines et à une nouvelle tige; ils végétèrent ensuite à l'ordinaire. Quant à ceux qui n'avoient point pris racine, ils périrent tous.

Il paroît donc constant que cette marche de végétation dans les céréales est invariable, et que, si quelques circonstances l'ont contrariée, il faut qu'elles y reviennent absolument ou qu'elles périssent, et que l'époque de ce retour, qui est en même temps celle du dépérissement de la racine primitive, est susceptible d'être avancée ou retardée par divers incidens. Quelles que puissent être d'ailleurs les causes de ce phénomène, il est bon d'observer qu'il est un moyen de ressource pour les blés, ou déterrés ou privés de leur première racine par un accident quelconque , et il n'est peut-être pas sans exemple que , dans ce cas , ils aient , par la seule force de la végéta- tion aidée d'une saison favorable , repoussé d'un de leurs nœuds de nouvelles racines , et assuré par ce moyen leur existence future.

(4) Il n'est que trop ordinaire d'entendre donner la mesure du produit d'une terre par cette expression : elle produit dix pour un , quinze pour un. Cette méthode d'es- timation est vicieuse , car elle suppose que la quantité de semence est toujours la même par - tout ; tandis qu'elle varie perpétuellement à raison de la nature du sol , de l'époque à laquelle on sème , et sans parler de mille autres circonstances , à raison sur-tout de l'usage bien ou mal fondé. Mais quand , comme dans le pays dont il est ici question , la forme de labour usitée a changé toutes les proportions , cette méthode est absolument illusoire. En effet , qu'on se reporte aux rapports entre la semence et le produit que j'ai donnés de nos terres , l'on y verra que le produit en est de sept pour un , ce qui les assimileroit à celles des meilleurs cantons (et nos meilleures ne pro- duisent que cinq hectolitres environ par demi-hectare), et ce qui , suivant l'estimation qu'en ont donnée quelques agronomes , leur supposeroit une valeur de location de plus de 3o francs par demi-hectare , tandis qu'elles ne sont louées que 6 francs.

(5) Ayant porté en compte le prix de la paille , j'ai dû en compensation y porter le prix du fumier ; je l'ai fait parce qu'il a ici une valeur marchande à cause des vignes , aussi quelques-uns le vendent-ils. Si par cette vente la dépense de culture est diminuée d'autant , le produit l'est

encore plus , et la balance alors seroit encore plus défa-
vorable. Je dois faire observer aussi que les frais ont été
évalués au prix que les paient ceux qui font labourer à
prix d'argent : je ne lesai nullement exagérés, au contraire
ce seroit plutôt le produit qui seroit porté trop haut. Je l'ai
donné tel que l'obtiennent ceux qui cultivent bien , et ce
n'est pas le plus grand nombre.

(6) Et effectivement on donne assez communément ici
aux fermes le nom de place. On dit une bonne place , une
mauvaise place , et cela s'entend principalement des différentes ressources qu'elle présente.

(7) Il est bien entendu que ce prix est celui des terres
en corps de ferme. Il y en a même de louées 12 francs le
demi-hectare , mais elles sont absolument sous les murs
de la ville de Montargis ; et cette plus grande valeur n'est
encore nullement proportionnée à celle dont elles seroient
susceptibles si elles étoient autrement cultivées.

(8) L'écobuage a ses partisans , comme il a ses détrac-
teurs ; assurément quand il est pratiqué et répété sur des
terreins secs et légers , et suivi d'une culture épuisante ,
telle que celle des céréales , comme cela ne se fait que
trop communément , il ne peut manquer à la longue de
rendre les terres absolument stériles. Mais lorsqu'il est
employé sur un terrein humide , glaiseux , etc. , et dans
plusieurs autres cas qu'un cultivateur habile peut seul
apprécier , non pas habituellement , mais bien pour établir avec un succès plus assuré une culture fertilisante
telle que celle des prairies artificielles , il peut être un
moyen puissant d'amélioration.

(9) Un seul exemple pourra faire juger de cette nécessité. On m'a assuré que tandis que le vin valoit 20 francs
la pièce à Montargis, à un myriamètre et demi de là on
en avoit à 6 francs, rien qu'à cause de l'impossibilité du
transport.

(10) Je ne sais si je me trompe, mais je crois qu'ici
cette remarque seroit applicable aux roues à larges jantes.

(11) On plante les arbres généralement si mal, que je
crois devoir donner quelques détails sur la méthode que
j'emploie, quoiqu'elle ne soit pas nouvelle.

Je fais faire mes trous d'un mètre trente-trois centimètres en carré, sur quatre-vingt-deux centimètres de profondeur, la terre supérieure étant jetée d'un côté, et l'inférieure de l'autre, et cela un an avant la plantation,
quand il est possible : il faut à ma terre ce temps-là pour
s'ameublir. Quelques jours avant de planter je fais ra-
battre la terre d'autour du trou, et peler le gazon tout
alentour pour continuer à le remplir. On place alors
l'arbre, on couvre ses racines avec la terre superficielle
anciennement retirée du trou, et on le butte avec celle
tirée du fond de ce même trou. Ces précautions minutieuses
sont d'une très-grande importance : l'arbre n'est pas trop
enterré, il trouve pour sa nourriture et à sa portée une
assez grande quantité de terre végétale remuée ; le gazon
du voisinage ne l'affame point, étant entièrement recouvert par la terre du fond du trou, qui, n'étant nullement
végétale, l'étouffe, et pendant plusieurs années s'oppose
à la production de toute espèce de plantes parasites, ce
qui, avec l'avantage de le butter et de le soutenir, contribue à lui tenir le pied frais, et dispense de lui donner
aucun labour.

Cette inaptitude à la végétation que manifeste la terre
fouillée à une certaine profondeur, à laquelle j'ai déjà
attribué en partie la non réussite des blés faits à plats
(voyez l'article des labours), faute d'être connue, paroît avoir entraîné plusieurs cultivateurs dans des dépenses
sinon préjudiciables, au moins inutiles ; et je profiterai de
l'occasion qui se présente on ne peut plus à propos dans
le moment actuel pour donner connoissance de quelques
faits qui y ont rapport.

Il y a seize ans, j'eus occasion de faire faire une fouille
dans une pièce de terre située sur le bord de la Seine.
Cette terre assez fertile, qui n'est ni trop grasse ni trop
légère, et qu'on peut regarder comme un ancien dépôt
de la rivière, forme une couche d'environ six mètres
d'épaisseur, à partir de la superficie jusqu'à un lit de
sable sur lequel elle est assise. Je n'avois pas alors une
grande expérience en agriculture, et de ce qu'il ne se
manifestoit ni au toucher ni à l'œil aucune différence
sensible dans toute l'épaisseur de la couche, je sup-
posai que la qualité devoit en être égale dans sa totalité,
et pour m'en débarrasser je jugeai à propos de la faire
voiturer sur quelques pièces voisines, mais de qualité inférieure et de nature sableuse et légère, que cette terre
plus liante devoit améliorer selon toute apparence. Sur
quelques parties je la fis répandre à-peu-près en même
quantité que si c'eût été du fumier ; l'effet en fut assez
satisfaisant dès la récolte suivante, et je le comparai à
une espèce de marnage. Sur une autre pièce que je dé-
sirois bonifier complètement et d'une manière durable
j'en fis répandre l'épaisseur de neuf ou douze centimètres ;
les récoltes suivantes, au lieu d'être meilleures, furent

complètement mauvaises ; et dix ans encore après, quoiqu'elle eût été fumée à plusieurs reprises, et cultivée
deux fois à bras pour y recevoir des pommes de terre et
des pois, à peine s'étoit-elle remise au niveau des autres. Depuis, je n'ai pu suivre cette expérience, mais
il seroit encore facile de s'assurer du résultat ; elle a été
faite en 1793, à la ferme de Billancourt, près le pont de
Sèves. A la même époque, je fis voiturer de cette même
terre à la tête de ma vigne, et j'ai remarqué que, pendant plusieurs années, elle n'a produit aucune espèce
d'herbe. Un de mes voisins s'avisa d'en faire transporter
dans son jardin, pour remplir des trous destinés à y
planter des arbres, il n'en a pas tiré grand avantage.
Un autre, dans la même position absolument que la
mienne, voulant former un jardin, le fit défoncer de
deux fers de bêche et fumer complètement ; les arbres y
prospérèrent ; mais pendant les deux ou trois premières
années ses récoltes en légumes furent très-foibles ; cependant le terrein, qui étoit d'ailleurs de très-bonne
qualité, ayant été de nouveau bien fumé, recouvra sa
fertilité première.

Peut-on affirmer que toute opération de ce genre soit
nuisible à toute espèce de végétaux et dans toute espèce
de sol ? Il paroît que pour les arbres, peut-être même
pour les plantes qui ont la faculté d'aller chercher leur
nourriture, ou au loin, ou plus profondément, elle n'auroit pas de grands inconvéniens. Quant à la seconde
question, je n'ai pas assez de faits pour y répondre.
Par-tout néanmoins où l'on voit la terre fouillée à une
certaine profondeur, par-tout où l'on rencontre le moindre fossé, il est aisé de s'apercevoir que le sol ne se re-

couvre de végétaux qu'au bout d'un certain temps ; cette époque n'est pas toujours la même, et j'ai remarqué qu'elle étoit plus éloignée, d'abord en particulier dans la terre très-calcaire, ensuite plus généralement dans celle d'une nature très-compacte, et en conséquence moins perméable aux influences météoriques ; qu'au contraire, dans des sables assez légers, elle donnoit des signes de végétalité à une plus grande profondeur, ou la recouvroit plus aisément. L'on peut croire qu'il y a à cet égard beaucoup plus de différences que je n'en indique ici, suivant la nature du sol, l'époque et les circonstances de sa formation ; toujours est-il vrai qu'on doit être dans la défiance à cet égard, et que la moindre incertitude doit empêcher d'entreprendre à la légère des travaux toujours coûteux, rarement utiles, presque toujours nuisibles.

Encore un mot sur la plantation des arbres. On m'a assuré que, dans les terres foibles, les plantards reprenoient mieux, ou plutôt qu'une fois repris, leur croissance étoit plus assurée que celle des arbres enracinés. Les racines prennent-elles donc une contexture analogue aux terreins où elles ont été formées, ont-elles peine à l'adapter à un nouveau sol, ou bien la mutilation qu'elles éprouvent nécessairement dans la transplantation, contrariant la direction de la séve que d'ailleurs un terrein plus foible fournit moins abondamment, ne nuit-elle point à leur végétation ? Toujours est-il vrai, ou que, par cette raison, ou par économie, on plante ici en plantards tous les arbres qui sont susceptibles de reprendre de cette manière.

(12) Ayant avancé que la terre pouvoit être usée pour la vigne, je crois devoir entrer dans quelques explications.

L'avantage d'alterner, qui est établi d'une manière in-
contestable, est-il fondé seulement sur la nécessité de
faire succéder les racines pivotantes aux racines fibreuses,
afin que la couche de terre supérieure se repose pendant
que l'inférieure travaille, et *vice versâ*, ainsi que sur la
faculté qu'ont certains végétaux de soutirer leur nourriture de l'atmosphère plutôt que de la terre ? Doit-on pour
cela nier que les végétaux ne puissent se nourrir chacun
de sucs particuliers ?

Il est bien permis de croire que la nature ne se borne
pas à un seul moyen, mais qu'elle les emploie tous ou
conjointement ou séparément, suivant les circonstances ;
certainement c'est la réunion de tous ces moyens qui doit
produire la plus belle végétation, mais à défaut de l'un,
l'autre peut suppléer, et peut-être expliqueroit-on par-
là certaines singularités apparentes, telles que celle-ci,
que je ne donne cependant que sur la foi d'autrui. Pourquoi en France, dans certains cantons, regarde-t-on la
fève comme une plante épuisante, tandis qu'ailleurs, et
notamment en Angleterre, on la regarde comme très-
propre à préparer la terre pour le blé ? C'est que la fève
paroissant être une plante très-gourmande doit avoir la
faculté de tirer sa nourriture et de l'atmosphère et de la
terre. En Angleterre, où l'atmosphère est plus humide,
elle trouve plus à y puiser ; en France, où l'atmosphère
est plus sèche, elle est réduite à tirer tout de la terre :
donc alors elle doit l'épuiser davantage.

Mais laissant cette explication pour ce qu'elle vaut,
j'en reviens à l'examen de cette question : si chaque
plante se nourrit de sucs particuliers ?

Je conviendrai bien volontiers que cette proposition prise

à la lettre seroit souverainement ridicule ; mais ce qui n'est pas vrai pour chaque plante individuellement, peut et doit l'être pour les familles prises généralement ; ainsi les soudes ou kalis et autres se plaisent sur les bords de la mer, parce qu'elles y trouvent dans la base du sel marin la soude qui est nécessaire à leur formation ; ainsi la plupart des crucifères et des légumineuses se plaisent dans les terres calcaires ou gypseuses, par une raison du même genre ; et si les alkalis et les terres alkalines n'avoient d'autre propriété que de rendre solubles dans l'eau les parties graisseuses qui se trouvent dans l'humus, c'est-à-dire dans les débris des substances animales et végétales, comment expliquer l'influence bienfaisante et très-marquée du plâtre sur les légumineuses, tandis qu'elle est nulle ou presque nulle sur les céréales ? Les expériences indiquées par M. *de Saussure* dans ses recherches chimiques sur la végétation viennent à l'appui de cette opinion ; et je rapporterai de mon côté quelques faits, qui, plus rapprochés des agriculteurs, les convaincront plus aisément.

Les jardiniers, quoique dans de petites cultures où ils peuvent s'aider de toutes les ressources de l'art, ont néanmoins grand soin d'alterner. Quelques-uns, plus observateurs que les autres, se sont fait dans la succession de leurs récoltes certaines règles qui ne sont pas toujours fondées sur la forme des racines, et peut-être pourroit-on tirer d'eux sur ce sujet des remarques assez curieuses. Ils ont entre autres choses grande attention de ne pas semer des pois deux fois de suite sur le même terrein, même en le fumant fortement, et l'observation suivante, que je garantis, prouvera jusqu'à quel point ils sont fondés.

Dans les plaines sablonneuses de Boulogne et d'Auteuil,

près Paris, on cultive en grand le pois Michaud pour l'y vendre en vert, et le prix élevé des premiers pois rend cette culture très-avantageuse aux vignerons qui s'y livrent.

La plupart d'entre eux sont propriétaires de terre, mais n'en ayant pas suffisamment, et pour les raisons que je déduirai plus bas, ils en prennent annuellement à loyer une certaine quantité aux grands propriétaires ou aux fermiers pour le terme d'une ou deux années consécutives. Les terres qu'ils louent à cet effet sont fort légères et d'une qualité médiocre, mais elles sont très-hâtives, et c'est ce qu'il leur faut; et en raison de cela ils les paient à un prix réellement beaucoup au-dessus de leur valeur. Ils préfèrent les luzernes et sainfoins à défricher ou nouvellement défrichés; mais ce dont ils s'enquièrent le plus curieusement, c'est de savoir combien il y a de temps qu'elles n'ont porté de pois : ils se communiquent même entre eux ce qu'ils en savent pour ne pas être trompés à cet égard, et le terme de dix ans et plus ne leur paroit pas trop long pour leur objet.

A une année de pois succède, sur un ou deux labours de charrue, une année de seigle, dont la récolte est ordinairement très-belle, même sans fumer; et assurément les racines des pois et du seigle vont chercher leur nourriture à la même profondeur et dans la même couche de terre. D'après les considérations que j'ai exposées, ils paient de ces terres un loyer assez cher, et sur ce que je leur en témoignois mon étonnement, sachant qu'ils en avoient en propriété, ils me répondirent qu'ils ne mettoient de pois sur leurs terres qu'à la dernière extrémité, c'est-à-dire dans le cas où il leur seroit impossible d'en trouver à louer à leur convenance.

Il y a quelques années , je louai à plusieurs d'entre eux une pièce de deux hectares en vieille luzerne. Après l'avoir bien façonnée d'abord à la charrue et ensuite à bras , comme c'est leur usage, ils la semèrent en pois. La saison ne leur fut pas favorable : la gelée d'abord , la sécheresse ensuite firent presqu'entièrement manquer la récolte ; ils m'assurèrent qu'ils avoient à peine récolté leur semence.

Se fondant sur cette considération d'abord , ensuite sur ce que la terre étoit neuve , et sur l'attention qu'il eurent de la défoncer de nouveau et de la terreauter , raisonnemens pourtant assez bien fondés , ils risquèrent , comme ils me le dirent eux-mêmes , d'y semer des pois une seconde fois ; mais leur récolte manqua totalement , quoique la saison eût été favorable , ainsi qu'il fut prouvé par la réussite des pièces voisines ; et ils me répétèrent qu'ils avoient trop risqué , et que c'étoit de leur faute.

(13) Cette treizième note pourroit faire suite à la note (2); cependant , comme elle a du rapport à ce que j'ai dit sur la vigne , j'ai cru devoir la placer ici.

Déterminer quelle peut être sur la végétation l'influence, soit d'une égale quantité de chaleur , soit d'une égale quantité de pluie , mais différemment distribuées.

Trouver le moyen de mesurer l'évaporation , non de l'eau dans l'air , mais de l'eau en terre , c'est-à-dire de l'humidité de la terre elle-même.

Si jamais la solution de ces problèmes a pu intéresser l'agriculture , c'est sur-tout dans le moment actuel , où l'on s'occupe de naturaliser plusieurs plantes étrangères à notre climat , dont notre luxe et notre industrie ne peuvent se passer , et dont nous sommes privés par les circonstances.

Il n'est probablement pas à cet égard de loi générale pour tous les végétaux. Les uns pourront vivre à une température moindre que celle de leur pays natal, pourront supporter de brusques transitions du chaud au froid et s'accommoder de l'un comme de l'autre , quelque prolongés qu'ils soient ; d'autres ne le pourront pas , ou du moins languiront , ce qui revient au même pour l'agriculteur. Chez les uns , cette faculté sera limitée à un certain temps , ou assujettie à certaines époques ; chez les autres , elle sera illimitée ; et comme il seroit fort long d'énumérer tous les cas possibles , je m'en abstiendrai , après avoir essayé néanmoins de donner une idée de ce que j'entends par ces différens états où peuvent se trouver les plantes , états dans lesquels je les suppose plus ou moins susceptibles des impressions atmosphériques ; et fondé sur l'espèce d'analogie qui existe entre la vie végétale et la vie animale , je hasarderai une comparaison qui , si elle n'est pas juste , n'en sera pas moins frappante. Je comparerai donc ,

1°. A la vie animale dans toute son activité , la plante en pleine végétation et en pleine sève ;

2°. Au sommeil , la plante ou l'arbre avec ses feuilles , mais dans l'état de repos ou sans sève apparente , comme il arrive à presque tous les arbres dans le cœur de l'été ;

3°. A la léthargie , ou sommeil des animaux à sang froid , l'état des plantes et arbres sans feuilles et sans sève , comme en hiver ;

4°. Et enfin à l'état de certains animaux dont on peut à volonté éteindre et ranimer l'existence , l'état où sont hors de terre les griffes et pattes des renoncules et anémones , qu'on peut conserver plusieurs années sans les faire végéter.

Ce n'est rien que d'avoir examiné l'influence de la température, celle de l'humidité n'est pas moins intéressante ; sans l'eau, la chaleur n'est rien. Sous la ligne, et même dans d'autres climats, la saison des pluies est en même temps celle de la végétation ; dans notre climat, c'est précisément l'inverse ; plus nos étés sont chauds, plus ils sont secs ; et malheureusement pour les plantes des climats chauds, c'est à l'époque où elles auroient besoin de chaleur pour mûrir, et de beau temps pour être récoltées, que les pluies surviennent, et que la température se refroidit.

Ce n'est donc pas précisément la quantité de pluie qui est le point essentiel, c'est l'époque à laquelle elle tombe, c'est l'évaporation qui la suit, et par ce mot époque, je n'entends pas seulement la saison et la température, comme par ce mot évaporation, je n'entends pas seulement celle sensible à nos instrumens ; je donne à la signification de ces mots plus d'extension, et je vais tâcher de me faire comprendre le mieux qu'il me sera possible.

La même quantité de pluie tombant tout-à-coup, ou par intervalles, n'opère pas à beaucoup près les mêmes effets, et il est aisé de concevoir qu'il n'est pas indifférent qu'une même quantité de neuf centimètres d'eau, je suppose, tombe dans le même mois en un jour, ou tombe en trente jours consécutifs. Dans le premier cas, elle pénètre la terre d'une certaine épaisseur ; dans le second cas, autant en emporte le vent. L'évaporation de la même quantité d'eau aura donc eu lieu nécessairement d'une manière bien différente ; mais ce qui doit encore plus la différencier suivant moi, c'est la modification qu'elle subit à raison de la nature du sol où elle a lieu, et de l'espèce de végétaux qui le couvrent ; c'est cette évaporation que j'appelle terrestre, qui ne ressemble point à celle de l'eau dans l'air, telle que la mesurent les instrumens météorologiques, et dont l'examen seroit beaucoup plus important pour l'agriculture, à laquelle les météorologistes me paroissent n'avoir pas pensé, et faute de ce n'avoir pas cherché les moyens de l'apprécier, moyens au reste que je crois entrevoir.

Quelques exemples, quelques faits pourront venir à l'appui de ces observations.

Les céréales ne présentant point à l'atmosphère de larges feuilles, et n'ayant en terre que des racines fibreuses peu étendues, étant par conséquent dépourvues de moyens de tirer au loin leur subsistance, paroissent plus souffrir de longues sécheresses et s'accommoder mieux de petites pluies, mais fréquentes, que les plantes à racines pivotantes et à grands feuillages, moyens puissans d'attirer à elles plus de nourriture, et qui sont par-là plus à même aussi de profiter longuement des grandes pluies qui pénètrent jusqu'à leurs racines. J'ai observé, et plusieurs cultivateurs avec moi, qu'après de grandes sécheresses, s'il survenoit de légères pluies, incapables de mouiller suffisamment la terre, elles faisoient plus de tort, du moins à certaines plantes, que la continuation de la sécheresse elle-même, soit que leurs pores s'ouvrant à l'humidité fussent plus aisément saisis par l'ardeur du soleil, soit qu'une végétation foiblement ranimée à diverses reprises, et fréquemment interrompue, leur devînt plus funeste qu'un repos absolu.

F I N.